每個孩子都能好好吃飯

JEDES KIND KANN RICHTIG ESSEN

跨世代
長銷
‧經‧典‧版‧

安妮特‧卡斯特尚、哈特穆‧摩根洛特 —— 著

ANNETTE KAST-ZAHN　　HARTMUT MORGENROTH

陳素幸 —— 譯

目次
CONTENT

CHAPTER 1　好好吃飯非難事

吃飯是緊張還是有趣？

父母對吃飯應有的認識

餐桌變戰場？

當父母管太多時

CHAPTER
3

每個年紀都好好吃飯

前六個月：全靠吸吮

CHAPTER
4

特殊問題

當飲食失衡時

當食物致病時

作者序

　　這是一本談吃飯的書，不是食譜書，所以你不會看到任何菜單，但我們會介紹從孩子出生的第一天起，關於正確飲食的一切知識。這個版本內收錄了最新的營養學研究成果及知識。

　　這本書談的不只是小孩要吃些什麼，父母親與孩子的共餐之道也同樣重要。你會讀到為什麼很多家庭的餐桌會變成戰場，其實真的不必這樣，只要確定每個人都知道一條簡單的規則，並遵守它就行了。那條規則就是「好好吃飯」。

　　所有的一切都跟著這條規則走。它不是我們憑空想像出來，是有科學根據的。你愈了解它，就會愈覺得它有道理。本書將提供很多有趣的實例，以及如何按照孩子的年齡，把規則轉換成實際行動的要訣。

從本書首次發行至今，吃飯這個主題已有不少新的進展。例如，我們現在對哪些食物對孩子有益、哪些食物應該少吃，都有了更多了解，而這些新知如今全都納入了這個更充實的新版本。預祝你，成功共享全家用餐樂趣！

安妮特・卡斯特尚 醫師
& 哈特穆・摩根洛特 醫師

推薦序——讓我們好好享受一起吃飯的時光

健兒門診中，抱怨自己的孩子吃太少、要人追著餵，甚至拿根棍子在旁伺候吃飯的情況並不少見。因此當我在圖書館看到這本《每個孩子都能好好吃飯》時，如逢知己，並且常常介紹這本書給到我門診的家長，也曾經在早產兒家長讀書會中，共讀過這一本書。

民以食為天，我們的文化非常重視「吃」這一件事。白白胖胖的嬰幼兒，依舊是很多長輩對這個年紀小孩最重要的期待：從出生時的體重、一餐吃多少，到每次健檢時體重、身長的百分位等，這些數字往往成為父母和小孩的壓力。

本書第一章提供了父母對吃飯應有的認識，是非常重要的內容，也是所有照顧孩子的人都應該有的正確觀念。生長百分位不是數字高才好，每個孩子有自己的體型，是否有持續的成長速度，更是我們需要注意的。每

個孩子都有內在的調節系統，當我們提供足夠的均衡營養食物，孩子自己會選擇適當的飲食份量。

　　研究發現：奶瓶餵食的嬰兒，飽足感的發展比較差，有人甚至認為，這是造成日後肥胖的可能原因之一。為什麼會有這樣的現象呢？因為使用奶瓶餵食，如果照顧者沒有注意，喝奶的份量常不是嬰兒來決定，而是照顧者所決定。即使嬰兒不想吃，照顧者還是有辦法硬灌奶，而造成了嬰兒無法依照自己的食慾調整進食量；或是有些嬰兒會因此發展出口腔的厭惡反應，拒絕吸奶，只有在想睡覺時因吸吮反射還存在，而比較容易接受奶瓶餵食。

　　理論上，飲食應是愉悅的經驗。在過程中，我們不僅吸收營養，也和自己所愛的人一起分享生活經驗，在這個過程中，孩子的五官會有豐富的感覺輸

入，這也是為什麼不要吃飯配 3C、不要追著餵的原因。父母只要負責提供均衡營養的食物，以及愉快的用餐氣氛，孩子自己會決定要吃什麼，吃多少。如果他吃得太少，不要因心疼又另外補充零食。讓孩子對自己的行為負責，讓我們好好享受一起吃飯的時光！

對於本書，如果一定說要有什麼意見的話，長年來不斷推展哺餵母乳的我，只有對「奶粉的優點，讓爸爸也可以參加餵奶的工作，來加強父子親密關係」有一點點不同的看法。餵母奶的媽媽更需要爸爸的參與，協助抱寶寶給媽媽，在餵完奶後幫忙抱一下寶寶。幫忙洗澡、換尿布、安撫寶寶等等，爸爸還有好多機會，可以加強父子親密關係喔！

陳昭惠

台中榮民總醫院兒童醫學中心特約醫師

台灣母乳哺育聯合學會榮譽理事長

推薦序——成為好好吃飯的大人

回顧成為母親的兩年中，一開始多虧產前教育課程，我只要觀察新生兒的動作就知道何時餵奶，親餵對我來說是感受母體的原廠設定，由寶寶按下啟動鈕而已。產後兩個月回歸職場後，白天孩子在保母家則以瓶餵母乳，一切也還算順利。但自從嬰兒進化成幼兒，事情就不再是憨母想得這麼簡單了——小身體裡三天兩頭會來個脾胃內閣改選，原本麵食黨執政順利，幾天後風雲變色，盤裡有麥字邊的都被清算丟到餐桌下 700 毫米深處。

從生下女兒至今，說來慚愧，《每個孩子都能好好吃飯》是我看的第一本育兒飲食指南書，一來可能是我自身對於飲食要求很低，二來是我先生這方面非常給力，孩子能順利度過這兩年，可能是因為選對了爸爸。

這是一本能為孩子照顧者帶來安心與信心的書——

「請相信孩子,他們有與生俱來最純正的內在調節能力,我們應向他們學習」是我置於案頭加燙金的一句話。書裡簡明提出只要父母能把關「飲食供應正常」,那麼就交由孩子自己來選擇。即便他們通常不會全盤接受,甚或十樣上桌,只有一樣下肚,那也足矣!

讀這本書時正巧我母親來訪,看她想盡辦法連哄帶騙「勸孫多食一口飯」,為了避免彼此身心俱疲,於是我反過來「勸母莫執著」。三個大人像躲在迷彩基地裡的賞鳥人,只見小女飛呀、跑呀、轉圈呀,忽然撲上桌吃下三大口白飯,又繼續放飛回廣袤的田野,咦?飽了嗎?好像是。照以往的餐桌經驗,這場追逐戰肯定很難收拾,恐怕會讓我媽目睹我聲嘶力竭的模樣,進而使老人家憂心「是不是自己沒把女兒教育好導致孫女變這樣⋯⋯」之類云云不營養的想法。但因

為本書給予的信心，我決定看淡，而這個動作神奇似地連帶影響了我媽，我們後來好好地把時間花在吃飯上，而非起煩惱心。

近期剛出版的一本台灣家庭雜誌《Homework》中，收錄了幾個家庭與他們的餐桌哲學——位在台中東勢的川川從盤中取走了他的所需，滿足了就離席；而在香港沙田的豆豆參與了小菜園的種植收成，餐桌上只見玩心流轉卻不見食慾提升。有趣的是兩對家長不約而同透露出的態度是——有吃很好，沒吃完也沒關係，還有「那我們自己享用囉！」這樣的泰然。

回到診間裡，患者也教導了我很多，尤其是母親這個族群，無論是否在職，她們大部分都很忙與疲累，我會問她們一天的行程，通常都在趕接送、趕上班、趕家事、趕張羅三餐之間度過，而那樣高速與

高張力的生活步調中，往往會導致胃腸脹氣、排便不順、月經不調、失眠等症狀。我總不免想：難道這是成為母親的宿命嗎？因此成為母親後，我更是邊走邊探尋著各種簡單育兒的方法，而在本書中，我便找到了很好的簡單飲食法則。

　　游慧玲在《飲食是最美好的教養》裡說：「我在等一個成熟的時機，孩子能懂得每種食材與生俱來的獨特風味，靜靜感受那刻的感動。我不會知道那一刻何時來臨，我只能不剝奪他任何一次的可能。」相信看完本書的每一位大人，都能更同理你的孩子，也能更樂於好好地在餐桌旁陪伴孩子飲食，即便他們拒絕了，那也沒關係，別忘了你自己也值得好好吃飯。

尚潔
中西醫師、《沒有垃圾的公寓生活》作者

2015 年再版推薦序

　　四年前拜批踢踢〈PTT〉媽寶版（BabyMother）生火文所賜，認識了《每個孩子都能……》系列，這系列包含了新手父母最為煩惱的三大痛點：睡覺、吃飯與規矩。主要作者是德國具心理學專長的行為治療師，她在提供諮詢多年之後，以豐富的輔導經驗整理出這一系列育兒書籍。其中，吃飯與睡覺這兩本書更加入小兒科醫師的專業見解。這位小兒科醫師非常風趣，他說在候診室人滿為患時，經常有父母親提出需要長時間討論的問題，過去他會困擾於沒有足夠的時間解答，而現在他會翻出書來說：「針對你的問題，請讀這一章，還有那一章，一定有幫助！」

　　《每個孩子都能學好規矩》書中以非常務實、系統、有層次的方式，討論教養孩子時可以使用的方法，極有誠意且實實在在的提出坊間許多育兒書付

之闕如的「解決對策」，但又不像有些教養書所言的「XX分鐘內解決教養問題」這般誇張。當然每個孩子都是獨一無二，一套方法未必適用所有孩子。然而本書提出的方法不只一套，甚至連「time out」都針對孩子情節的不同，詳盡彙整了許多實際施行的做法。書中還提出許多創意的教養之道，比如利用小布偶來跟孩子互動對話、自製繪本講故事、做些孩子意料之外的事等等，這些創意方法提供我許多教養靈感，在傳說中兩歲、三歲「貓狗嫌」的階段，大女兒小雨鮮少讓我感到孺子不可教也。

從我部落格的格友提問，完全可以感受到現代父母親對嬰幼兒食量有多麼焦慮與憂心。《每個孩子都能好好吃飯》建議：「由父母決定吃什麼、何時吃、如何吃；而由孩子決定：要不要吃、吃多少，並且相信孩子

可以自己調節身體所需的食量。」看到這裡，大家應該很明白重點在於父母的心結。為此，書末還貼心的印有一連串標語，讓讀者可以自由剪貼在牆上，給孩子看的同時，也提醒著大人。書中的「體脂肪變化圖」也為四年前的我打了一劑心理預防針，讓我明白小雨的嬰兒肥終究會漸漸消失，隨著身高拔高，體脂肪必然會在六歲探往谷底。因為有心理準備，我們家因此避免了餐桌上的強迫餵食、威脅利誘、劍拔弩張。

四年前因為太喜歡《每個孩子都能學好規矩》、《每個孩子都能好好吃飯》這兩本書，我甚至在部落格中撰文跟格友推薦。當時小雨已經將近兩歲，睡眠狀況非常穩定，因此我沒特別針對《每個孩子都能好好睡覺》一書寫文。沒想到四年過後，隨著第二個孩子——小風妹妹的出生，我才明白為何坊間有如此多

關於寶寶睡眠的育兒書籍！面對一個不易入睡、淺眠、睡眠週期短、睡眠需求低的寶寶，媽媽的迫切願望是孩子能再多睡一點點，作息再多穩定一點點。這回我將自己的育兒經驗歸零，閱讀許多寶寶睡眠書，重新思索適合自身與小風妹妹的助眠方法。《每個孩子都能好好睡覺》裡羅列的助眠法寶，介於親密育兒法與百歲育兒法之間，書中的作息記錄方式，更是我參考沿用的育兒妙法。

《每個孩子都能……》系列三書提出的育兒方法專業、具體、務實又多元，版面清新易讀，此外每一章節末還有「重點整理」，能幫助忙碌的家長節省許多閱讀時間，快速吸收書內精華。不是好書不推薦的小雨麻，給這套書五顆星推薦！

小雨麻
親子作家

出於父母的愛與關心，孩子們把餐桌上的食物吃完，照單全收碗內的營養，這幾乎就是公認的：「孩子應盡的本份」，直到看完本書後，才恍然大悟！我喜歡作者提點父母，在面對孩子「收放」間的智慧。特別是以長遠的角度來決定：「最終讓孩子吃到了甚麼？」關心的是長期的整體營養，而不是短視近利於「這一餐的眼前這一碗」的價值，正因為不局限在某一點，所以才有讓孩子來決定「我要不要吃？要吃多少？」的機會！在當下，讓孩子擁有對食物的自主權；實際上，父母依舊操盤了孩子該有的全方位營養規劃，這才是最高段且不著痕跡的雙贏哪～

Ashley 艾胥黎
親子部落客

正當我為孩子的少食與偏食大傷腦筋，這本書幫了我一個大忙，它讓我知道原來幼兒擁有與生俱來自己挑選正確食物及正確食量的能力，只要我們遵守以下這個重要規則：「你來決定要供應孩子吃什麼、何時及如何吃（供應的食物不宜含太多油和糖）。要不要吃，以及要吃多少則由孩子決定。」若能依循這項規則，餐桌上擺放各式豐富多樣的菜餚供孩子選擇，並信任孩子會按照他的需求而吃，絕對不會營養不良。

感謝這本書的問世，讓我得以知曉如何協助孩子好好吃飯，也讓我對孩子的飲食狀況放下不少的擔心。大力推薦給也想幫助孩子建立良好飲食習慣的父母們。

李貞慧
作家暨閱讀推廣人

這是一本從零歲到學齡兒童都適用的書籍，讓我清楚掌握到「讓孩子好好吃飯、健康長大」的原則：

　　父母要做的事：一、決定給孩子吃什麼──根據健康飲食的基礎供應食物；二、決定何時吃；三、決定吃飯應有的規矩。但是，以下權力就一定要交由您的寶貝：自己決定吃多少，自己挑選想要吃的菜色！

　　大膽相信孩子，真的能讓他長得頭好壯壯？我帶三個孩子的經驗是：吃得多的未必長得壯，吃得少的未必體力差！但總是開開心心的吃，隨心所欲的吃，而且吃健健康康的食物，必定均衡、健康又活潑！

　　對吃飯這件事，孩子的反應，就像對媽媽的愛一樣：直接、真誠，餓了就會吃，飽了就不吃。一陣子吃得好，一陣子胃口差！相信你的寶貝，他絕對擁有最真實純正的內在調節系統。

而對於體型這件事，即使最具權威的營養師也開不出一個可以左右「遺傳」因子的超級食譜。從出生那一刻，不論怎麼吃，寶貝會在未來的歲月裡，按照基因的藍圖邁進，修正成「快樂的胖子」或「吃不胖的扁人」或「夢幻身材」。

　　當你在「成長曲線圖」裡神經兮兮的錙銖必較時，不如接受本書正確觀念的洗禮！二十年後再來看看你那一切發展正常的孩子吧！你會為自己的及時覺悟感到慶幸！你現在對寶貝吃飯感到頭大嗎？看完本書，必能及時修正不必要的緊張情緒，從「心」放下！

彭菊仙

親子作家

CHAPTER 1

好好吃飯非難事

哪些親子經驗可能與吃飯有關？

在小兒科門診時，有哪些飲食問題？

吃飯時最重要的規則是什麼？

為什麼孩子自己知道需要吃什麼和吃多少？

教育與遺傳扮演何種角色？

成長曲線透露了什麼訊息？

關於健康飲食，你該知道什麼？

吃飯是緊張
還是有趣？

想想小時候

　　說到吃飯，很多父母都不會把它跟什麼好事連在一起，尤其想到過去時。你也想到自己小時候吃飯的回憶了嗎？某種氣味、感覺和不舒服的經歷，至今還縈繞在心頭？

　　很多五〇年代出生的德國父母，因為孩提時被認定「太瘦」，而被送進保育院。很多孩子一方面要克制想家的念頭，一方面又要適應保育院裡陌生的菜餚。他們時常被迫把食物吃光：「沒吃完盤裡的東西，不准站起來。」當時的規則就是如此。我還聽過不只一次，吞下去的食物如果吐出來，會被處罰把吐出來的東西吃回去。這簡直是一種虐待兒童的方法！

　　希望你沒有這種恐怖經歷。但或許你也曾被以某種方式強迫或禁止吃飯，因為大人覺得你「太胖」了？又或者你小時候得忍飢挨餓，因為當時根本沒有足夠的東西可以吃？家裡是否有條規矩叫「吃飯時小孩子不准講話」？吃飯的氣氛經常讓你感到窒息嗎？或是你曾經舉止不當，破壞了家人的胃口？

童年晚餐

　　小安娜五歲大。她這一陣子常生病：猩紅熱、中耳炎、扁桃腺發炎。現在她又發燒了，天知道這回是什麼病？她好蒼白，手臂又細又瘦。「只剩皮包骨，」阿嬤說，「難怪她老是生病，根本沒有抵抗力嘛。」安娜的媽媽知道該怎麼辦——煮麥片粥。

　　媽媽認為沒有比麥片粥更健康的食物了，它能使人強壯。她盛了滿滿一碗熱騰騰的麥片粥，送到小安娜的床邊餵她。

　　安娜痛恨麥片粥。她覺得自己虛弱又難受，一點食慾也沒有，現在還端來了一碗麥片粥！光是那味道就快讓她窒息了。她緊閉雙唇。媽媽先是慈愛的哄著：「來吧，為媽咪吃一口，為爸爸吃一口。」安娜哭了起來：「我不要！」媽媽開始罵人：「一定要吃！難道不想健健康康的嗎？」雙方來回拉鋸了好一會兒，五歲的安娜嚥著眼淚吞了麥片粥，吃完時，母女兩人都「筋疲力盡」了。

　　那個小安娜就是我自己。我知道媽媽是一番好意，但即便

是四十多年後的今天，只要一想到麥片粥，我還是倒盡胃口，至今仍痛恨任何形式的麥片粥和米布丁。我得很勉強才能試吃一小口嬰兒糊，這輩子更是從來沒有自己煮過麥片粥。

幸好關於吃飯，還有其他非常美好的回憶。比如，每週六和爸爸游完泳，帶著烤雞和薯條回家時，總是一場盛宴。如果我那天還分到一隻雞腿的話，這份快樂會更完美。直到今天，我樂於回憶的家庭聚會和度假也都跟大餐有關。

不管你願不願意，兒時的吃飯經驗都會跟著你一起坐在餐桌邊。如果從前與家人一起吃飯的回憶總是美好，總能盡情享用，你對自己的身材也感到滿意，那麼你吃起飯來多半很輕鬆。吃飯對你而言是「正常」的，不需要浪費太多心思，你可以將所學到的知識直接傳授給下一代。如果吃飯氣氛也對，吃飯的樂趣與歡笑自然會湧現。

但如果吃飯的經驗是負面，殘留在回憶裡的都是壓力、緊張和強迫，再加上不滿意自己的體重和飲食習慣的話，那麼你吃起飯來鐵定不輕鬆。吃飯變得複雜，可能就會出很多錯。

你的小孩需要一份額外的飲食良方，那就是你的信心與信任，這樣孩子就可以好好吃飯。或許從前沒有任何人給過你信任，但是沒有信任，餐桌邊就會起爭執，代表吃飯時會緊張。

我家的經驗

　　我和我的三個小孩也擁有美好的和不太美好的吃飯經驗。美好的是，至今我們都還是在很愉快的氣氛下一起吃飯。在吃飯時，做父母的常常會聽到孩子談起重要的新鮮事、碰到的問題與快樂的事。我們會擬訂計畫，討論問題，有時談話的內容比吃飯更重要。

　　記得我兒子小克四歲大時，一邊吃晚飯一邊講了一個令人印象深刻的故事：「很久很久以前，當時我還沒出生，我還是死的。在一個遙遠的海邊，有一頭老虎咬了我的膝蓋一口。」

　　又一次是我女兒卡塔麗娜，她在午飯時忽然提出了幾個有關性教育的具體問題。剛好桌上有香腸，很適合拿來當教具。那頓飯我們吃得非常愉快。

關於吃飯，我也有不愉快的回憶，我連續五年得在半夜醒來，因為孩子們不是餓了就是渴了。後來我才學會教他們自己夜裡起來喝水（最後讓他們戒掉這個習慣）。在我們所著的《每個孩子都能好好睡覺》，提供了父母更詳細的資訊。

你應該也碰過許多不怎麼愉快的經驗，比方說吃飯時，孩子連人帶椅子一塊翻倒；或是兄弟姊妹邊吃飯邊吵鬧；或者匆匆忙忙時，好不容易煮好的飯菜卻被孩子挑剔。

所有好事和壞事都集中在餐桌上，餐桌邊可以看出孩子是否學會遵守規則、體諒他人。我們幾乎可以說：「只要好好吃飯，一切都好。」

小兒門診的案例

在小兒門診裡，做父母的總是一再提到吃飯這件事。許多人都想知道，自己是否做對了。有些父母很擔心孩子的飲食行

為，我們經常會遇到一些因為吃飯問題把自己弄得很絕望的父母親。

為了進一步了解，我們在進行定期健檢時，訪問了超過四百位家長，以了解他們對自己孩子的飲食行為做何評斷。這些小孩的年齡介於五個月到五歲大。

首先我們想知道，到底有多少父母對孩子的飲食問題感到不安。調查結果是，在嬰兒出生頭幾個月內，亦即在哺育母乳期間，一切似乎都還滿順利的。只有少數父母（＜5%）覺得孩子（三到七個月大的嬰兒）有問題。一到五歲的情況卻完全改觀，有二到三成的父母認為孩子的飲食習慣有問題，其中有7%的父母甚至認為問題很大。

- 「吃太少」是父母最常提到的。七個月以下的嬰兒當中只有1%的父母這麼認為，但是四到五歲的孩子當中有二成的父母這麼想。

- 「偏食」從兩歲起經常被提到。四到五歲之間的孩子當中，有近二成的家長這麼認為。

- 「吃太多」，五歲以下兒童的父母顯然很少認為自己的孩子吃太多，最多只有 4%的父母這麼認為。

從**圖 1-1** 可以知道，最值得注意的結果就是：針對六歲以下的兒童，明顯有許多家長認為孩子太瘦，吃太少。

我們的社會如果有問題的話，一定不是我們有太多的瘦小孩，比較正確的應該是，太多的胖小孩。

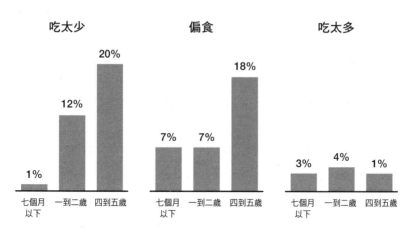

圖 1-1：父母的憂慮：孩子吃太少、吃太多、吃得對嗎？

可是父母的感受顯然截然不同。摩根洛特醫師談到他在門診裡碰到的例子：

　　有位爸爸帶著他兩歲半的兒子來看診。那孩子有二十多公斤重，至少超出平均體重五公斤。出乎我意料的是，這位爸爸竟然抱怨：「我兒子不吃飯！」摩根洛特醫師向這位憂心忡忡的父親解釋，他兒子絕對沒有營養不良，而是體重過重。但這位爸爸依然堅持：「不對，醫生。我兒子不吃飯，一天只吃八大瓶優格，其他什麼都不吃。」

吃飯的重要規則！

　　我們認為有一點非常值得注意，那就是有二成的家長認為孩子「食量太少」。有多少家長錯了呢？答案可能令你大吃一驚，全錯！

　　只要孩子可以規律的得到充足的食物，他們根本不可能吃

太少，因此也不會「太瘦」。少數的例外多是疾病導致，最後一章會再詳談。健康的孩子非常清楚自己需要吃多少，他們比父母還清楚。年紀愈小的孩子愈是如此。

我們的問卷調查顯示，父母還滿信任襁褓中的孩子，相信孩子知道自己應該吃多少。但這寶貴的認知和信心為什麼會隨著時間喪失呢？只有一個可能，父母認為孩子會「忘記」。父母不再相信孩子，反而表現出：「你自己辦不到。所以由我來決定你該吃多少才算夠。」這是一個經常發生，但可以避免的錯誤！

小規則大效果

這本書才剛開始，就先揭示關於吃飯的重要規則了（見第38頁「好好吃飯規則」）。美國營養學家艾琳・沙特（Ellyn Satter）早在一九八七年就在一本備受重視的著作中闡述這條規則的意義。一九九九年美國小兒科醫師協會出版的《營養學指南》，第一頁就是這條規則。

好好吃飯規則

你決定：

- 供應什麼給孩子吃？
- 何時供應？
- 如何供應？

孩子決定：

- 要不要吃？
- 要吃多少？

吃飯時，父母應該扮演的角色：

- **吃什麼？** 由你挑選今天吃什麼，根據你對健康飲食的知識來挑選，並由你來調製食物。
- **何時吃？** 由你規定一天供應幾次，在哪個時間供應，並將食物端上桌。
- **如何吃？** 由你來規定吃飯時有哪些規矩。哪些行為是你允許的，哪些則不被允許，你要徹底遵守這些規矩。要讓吃飯時有愉快的氣氛，你就要做個好榜樣，而且自己要盡情享用。如果孩子還無法自己吃飯，你可以幫他，需要幫多少就幫多少，但盡可能少幫一點，超出這範圍所做的一切都是「欺騙對方」。

清楚界定孩子的角色：

- 讓孩子一起同桌吃飯。他會看到桌上有什麼菜，自己決定要不要吃。
- 他從這些菜裡挑選要吃些什麼。
- 他自己決定要吃多少。
- 當他吃夠，就停止不吃。
- 他會遵守你的吃飯規矩。

以上這些內容，從嬰兒到青少年都適用。另有一條規則適用於還無法單獨進食的嬰幼兒，那就是你來幫他。這時你必須正確解讀他挑選食物、開始與停止進食的訊號。

不管你是否擔憂孩子的飲食行為，你都應該遵守第左頁所列的「好好吃飯規則」。只要你都能照做，孩子好好吃飯絕不會有問題。這規則看來很簡單，但是要貫徹執行可是一點也不簡單，因為父母和孩子互相「耍花招」來欺騙對方的機率很高。我們也發現，要說服父母完全接受非常困難。

　　回想開頭提到的小安娜，再回想一下自己被迫進食的經驗，每次碰到身體不舒服的情況，你的父母是不是也曾嚴重違反「好好吃飯規則」？

　　很多父母違反這條規則是因為他們管得太多。每次該讓孩子做決定時，他們卻加以干涉，想要左右孩子的決定。結果總是一樣，吃飯變得很緊張。

　　小孩也經常違反規則，不過往往是因為父母管太少，例如他們讓孩子自己決定哪些菜上桌。好比那個吃很多優格的小男生；或者讓孩子決定何時吃飯，就像夜裡餵孩子很多次的媽媽。有些父母讓孩子決定吃飯的規矩，這些情況都來自父母任由孩子耍花招「欺騙」。而這也必然導致吃飯很緊張，而且有

「好戲」可看。

　　很多父母表示：「讓孩子自己決定要不要吃，還有要吃多少？這根本行不通嘛。這樣一來他根本就不會乖乖吃飯，現在叫他吃幾口蔬菜就已經很難了。」本書的目的是鼓勵你相信你的小孩，同時提供更具體的方法，教你依孩子的年齡應用這些規則。

重點整理

☑ **父母的兒時經驗**

父母的兒時記憶會影響他們的育兒態度。

☑ **不必要的憂慮**

問卷調查顯示：六歲以下孩童的父母經常擔心孩子吃太少。只有極少數的家長認為孩子吃太多。

☑ **重要規則**

由你來決定：要給孩子吃什麼、何時吃，以及如何吃。要不要吃及吃多少，則由孩子來決定。

☑ **請相信孩子！**

幼兒擁有與生俱來最純正的自我調節能力，能為自己挑出正確的食物和食量。父母只要注意供應的食物不要含太多油和糖。

父母對吃飯
應有的認識

孩子的「內在調節系統」

　　幼兒真的與生俱來有自己挑選正確食物，同時是正確食量的能力嗎？我們的調查顯示，許多父母並不信任孩子，他們很難被說服，而且需要證據。放心，真的有證據。

克拉拉・黛維斯的孤兒實驗

　　克拉拉・黛維斯（Clara Davis）醫師在一九二八年針對吃飯做了一項實驗。她接了三個孤兒到她的兒童醫院，三個孩子當時都只有七到九個月大，在此之前，他們全都是接受全哺乳。實驗開始：每人每餐都擺滿十道不同的菜色，長達六個月。托盤上有肉、內臟、魚、穀物、雞蛋、水果、蔬菜，有生食、有熟食，但都未經加工（沒有麵包、麵條），沒有混合烹煮（沒有湯），而且盡可能只是簡單的料理。吃飯時會有護士在，但他們僅負責觀察並將剩下的食物秤重。小朋友可以自己用手抓東西吃。

六個月後，三個孩子不論是發育、體重增加速度、外表、活動力，各方面都是最佳狀態。顯然他們自己已調配出理想的飲食組合，即便以今天的標準來看，他們的飲食組合也十分令人滿意。

　　由此可以推斷，孩子天生擁有自己挑選適量、理想食物的能力嗎？並不盡然。你是否注意到，在上述菜單裡完全看不見冰淇淋、巧克力、蛋糕、薯條、糖這些東西，也就是說，孩子只得到富含營養價值的食物。

　　他們從這份餐點中，挑選出能理想發育的正確食物，沒有一個人吃得太少、太多或偏食。但是如果那些超市美味也一併提供的話，會發生什麼事呢？

　　現在要再進行這樣的實驗是不可能的，但我們可以想像得到結果，因為許多調查都證實：兒童天生就愛吃甜食。所以他們很可能更喜歡糖、巧克力和冰淇淋這些東西，而不選擇其他更有營養的無糖食物。高糖、高油的加工食品，會讓食慾、體重與能量補給三者之間的完美平衡開始動搖。

「超市飲食」的動物實驗

關於甜食，科學家曾以動物做過實驗：動物通常都不會吃得過量，只要牠們得到適當的飼料，即使供給太多，牠們也不會吃過量；健康的老鼠，從來不會吃得太少，但動物也愛甜食。

在一項實驗中，實驗室老鼠得到一份豐富的「超市飲食」，裡面有餅乾、巧克力、香腸、花生醬和乳酪。這些幸運的老鼠無法克制自己，總是吃下太多食物，比起牠們正常進食的同伴，牠們吃下的量超出平常兩倍以上。無限制的供應糖分和脂肪，讓牠們「忘記」生存下去需要的是什麼，以及需要多少。

創造好條件

放任孩子攝取帶有糖分、油脂與加工過的食品，會導致孩童營養過剩和體重過重。這結論並不令人意外，有趣的是這結論對我們的「好好吃飯規則」有何意義？它跟我們的規則很契合。

- 如果允許孩子自己決定食量，而且有多樣充足的食物選擇時，他不可能吃得太少。
- 不限制攝取甜食和油膩的食物，將危害人體的需求與攝取，於是發生吃太多或偏食的情形。

　　所以身為父母，必須決定把哪些菜餚端上桌。端上餐桌的是多樣化又富含營養價值的食物嗎？限制油膩和過甜的食物？唯有這樣，孩子才能正確挑選食物，他也可以完全自行決定要不要吃和要吃多少。在這個條件下，他便擁有天生的、按照需求去調節一切的本能。他會吃得很充足，但不會吃下太多。

小小孩大行家

　　嬰幼兒比兒童和成人攝取營養的情形更好，為什麼？只要孩子還在接受哺乳，媽媽所供應的養分就很理想了。孩子可以決定要喝多少。餓了，喝奶；飽了，休息，就這麼簡單。媽媽根本不需要清楚知道寶寶所喝的奶量。

　　幼兒雖然已經會挑食，但會優先選擇認識的食物，還不會

被廣告或減肥的念頭影響，食量仍是完美的由飢餓與飽足感來調節。

「大份」實驗

一九九一年時，曾有人對二到五歲之間的幼兒進行了有趣的研究。這些孩子都住在家裡，在他們熟悉的環境裡，每天吃三頓飯及三次點心。每天的餐點既多樣又均衡，偶爾也會出現甜點。特殊之處是每次都得到「雙份」，而且他們可以自行決定要吃多少。

實驗再度證明，孩子所吃下的正好是他們所需要的量，他們不會「暴飲暴食」，但是每餐的差異很大，有時候幾乎什麼都不吃，有時候吃很多，但是每天的總量都差不多。如果有一餐吃得特別多，另一餐就會不吃之類的。孩子完美的調節能力實在令人羨慕，可惜人愈長大就會愈受外界的影響。

成人的飲食行為

　　成人的飲食習慣真的很複雜，光是挑選食物就有很多不同的偏好，比如口味、文化、傳統、習慣、預算、好奇、審美觀、健身、健康，還有食物的取得難易和烹調方便度等都會影響。說出身體所有需求的那股內在聲音，往往會被這些林林總總的因素所掩蓋。

　　還有食量呢？我們會在餓的時候進食，飽了就停下來不吃嗎？事實是我們也經常對內在聲音充耳不聞，例如我們會基於禮貌、無聊、憂傷，甚至習慣而吃；我們會因為盤子空了、覺得自己太胖，或沒時間吃飯而不吃。我們不再根據需求來本能的調節我們吃什麼及吃多少，外在因素經常「掌控」我們的飲食行為。

　　即使是成人也無法完全擺脫內在調節系統，尤其當我們想完全斷絕食慾時，它就會巧妙的破壞計畫。曾經進行過低卡節食計畫的人，就會明白我的意思。在進行這類節食計畫時，營養需求與食物攝取的調節已經失效，取而代之的是靠強大的意

志力來限制卡路里攝取。你的身體會對這項改變產生反應，內在調節系統會發出警報：「救命啊！食物不足！饑荒！」但是現在你的意志力更強，終於瘦了幾公斤下來。

但愈激進的節食，就愈可能發生下面這個情形。一旦停止節食，身體馬上注意到：「饑荒過去了！立刻補回來，為下一次的饑荒儲備！」你的調節系統還不知道，二十一世紀的現代社會已經沒有饑荒。於是你急速復胖，甚至比節食前還重，這就是惡名昭彰的「溜溜球效應」（yo-yo effect）。由此可見，激進的外力操控會造成何種不良的影響。而我們竟然以為自己知道得比小孩更多，還要規定他們該吃多少？

幼兒擁有最真實純正的內在調節系統。
我們應向他們學習。

聰明的小蘿拉

蘿拉的故事將讓我們看到，嬰兒的內在調節系統與內在聲

音運作得多麼完美。

▶▶ 蘿拉六個月大。因為是喝成分類似母奶的配方奶，所以蘿拉的媽媽可以清楚看到她喝的量。她非常驚訝，這孩子根本喝不完營養表格裡建議的量，蘿拉喝得很少，體重增加也比同年齡大部分的嬰兒要慢。

雖然小蘿拉很健康，而且活力十足，但她媽媽還是很擔心，於是她在牛奶裡加入即溶麥片。媽媽認為，如果她喝得那麼少，就應該喝得更營養才對。但是蘿拉怎麼做？面對這瓶熱量更充足的牛奶，她喝得更少。也就是說，蘿拉所攝取的卡路里總量維持不變。當她的內在聲音說：「夠了」，她就不喝了。蘿拉的內在聲音發揮出絕佳功效，她可以完全仰賴它，她媽媽也可以。

是胖是瘦，教育或遺傳？

為什麼蘿拉這麼瘦小，鄰居家的同齡小男生幾乎是她的兩倍重。為什麼蘿拉喝得比他少？發育是受教育還是遺傳影響？

遺傳扮演何種角色？

從一九八五年起，德國多特蒙德市兒童飲食研究所開始進行研究，探討孩童的飲食行為。他們長期觀察三個月到六歲的兒童每天的食量。研究結果發現，食量差異完全來自遺傳。有些「正常」的嬰兒每天喝不到六百公克的母奶，有些則喝超過九百公克。三歲小孩的差距更大：每天進食五百公克的孩子跟每天進食一千公克的同樣正常。

所以孩子需要多少營養來成長發育，從出生就不一樣了，光看食量無法判斷是否足夠或者太多。

雙胞胎與養子研究

丹麥的研究人員想要找出遺傳和文化對飲食的影響，何者比較明顯：飲食習慣是從親生父母遺傳而來的，或由養父母所教導的。這項研究比較了領養兒童的體重和親生父母及養父母的關聯。榜樣、飲食習慣、食物供應，這些都由養父母打造，親生父母只是把他們的基因丟進去而已。令人驚訝的是，研究發現他們的飲食習慣與養父母完全不符，反而與親生父母一致。可見基因比其他後天條件更具影響力。對分離成長的雙胞胎所做的研究結果也大致如此，即使兩人的生活條件不同，雙胞胎的體重發育仍非常相似。

第三項研究是，每天給十二對同卵雙胞胎一樣多的「超量進食」卡路里。其中有十對雙胞胎增加的體重完全一模一樣，但是有一對只增重四公斤，另一對卻增重了十四公斤。

最新一項的雙胞胎研究，研究三到十七歲未成年人的體脂肪含量。結果，80％的差異都可歸因為遺傳，其餘的才是受到環境影響。

不同的「食物利用者」

由上述研究可知，遺傳扮演了非常重要的角色，但人體並沒有一個特定為體重過重負起全責的「肥胖基因」，而是由不同基因、荷爾蒙和傳導物質所組成的複雜系統共同影響的。例如某個特殊基因會決定身體將卡路里轉為脂肪儲存的速度，於是每次體重下降後，身體就能快速的增胖回來。對難得吃飽的人來說，這是一大優點；但對想減重的人來說，卻很不利。

因為遺傳，有些小孩雖然吃得少，體重依然穩定增加。如果即使充分運動與正常飲食卻依然發胖，絕大部分是因為遺傳。有些小孩吃得少，別的小孩可能吃了他的兩倍，但體重卻以同樣的速度增加，原因很可能就是不同的遺傳因素。

完美身材人人皆可為？

體型也是遺傳的，不管孩子是細瘦或強壯，一切在他出生時就已決定。同時決定的還有：腿長還是上半身長；脂肪比較容易堆積在腹部、臀部或大腿。所以你的小孩很可能不會如你

所願，有個「完美比例」。

　　企圖透過飲食教育來改變基因預設的身材畢竟只是妄想，還是拭目以待孩子將來的模樣，接受他原來的樣子比較好。完美的模特兒身材，世上少有。對孩子來說，儘管自己有些小小的「外表缺點」，但將來仍要繼續喜歡自己的身體。這對孩子來說已經夠難的了，所以請你幫幫他吧，從小開始。

環境扮演何種角色？

　　環境對體重當然很有影響，比方說是什麼造成孩子肥胖？你應該也猜得到：太少運動、看太多電視、不定時用餐，而且自己隨時找東西吃、愛吃高脂與高糖的食物。特別是這些因素全加在一起時。

　　有些孩子儘管有肥胖的基因卻不胖，反之亦然。有的孩子運動量很大、很少坐在電視機前面、定食定量且飲食均衡，儘管如此，他還是比同年齡大多數的孩子胖。肥胖的原因不在脂肪層的分布，遺傳與環境是以非常複雜的方式相互作用，只有

極少數人是單純基於遺傳而肥胖，大部分人都是受到環境和遺傳兩者的影響。所以雖然有的孩子從遺傳來看不太會發胖，但是當所有不利的環境條件都發生在他身上時，還是很可能變胖。

在孩子剛出生的頭幾年，父母很少察覺到孩子的體重過重。早在嬰幼兒時期，孩子常常就已經因為不良的飲食和太少運動，埋下錯誤的決定。父母還反過來擔心：「我的小孩太瘦、吃太少！」怎麼會這樣呢？

生病了，才會吃的少

摩根洛特醫師從長年的小兒門診中得到證實，有兩種情況會導致非蓄意的體重減輕。第一種情況是疾病。大部分孩子是因為生病才食慾不振，有的孩子只要一生病就什麼都不吃，特別是吃東西會讓他們痛苦時，例如喉嚨發炎。病童多半也很清楚自己的需要，當食物讓他們不舒服時，他們就選擇不吃。從醫生的觀點來看，這很正常，病童虛弱不是因為禁食，而是因

為所生的病。一旦恢復健康，他們會迅速的把一切再補回來。

在特殊情況下，重病會導致嚴重脫水，或者體重減輕到威脅生命。這時，孩子便無法自行調節飲食，在某些緊急情況下，還必須接受人工餵食。還有厭食症，這種幾乎都發生在青春期女孩身上的嚴重疾病，原因有許多。患有厭食症的青少年根本不再按照內在需求來調節飲食，而是完全根據病態扭曲的外在標準。第 238 頁還會更詳細的說明厭食症。

貧窮引起的營養不良

除了疾病，貧窮也會導致孩子「太瘦」。因為缺錢，所以孩子無法吃飽，或者飲食中缺乏某種重要的營養素。摩根洛特醫師曾在印度和非洲行醫多年，那裡很多的孩子都太瘦了，因為他們得不到足夠的食物供正常發育，或者因為只吃米飯導致營養不良。在那裡，不管多微小的食物改善都很重要，例如長在馬路兩邊、含有葉酸的植物，就可以提供重要的維生素和鐵質。

反觀國內，我們也有孩子吃不飽嗎？或者他們得不到重要的食物？是的，總有家長沒有好好照顧孩子。這些孩子在各方面都很匱乏，他們沒有得到足夠的愛與呵護，有時連糊口都很難。這些家庭需要特別的照護，有些家庭也許艱困到買不起食物。

　　我們非常希望不會再發生「因貧窮而挨餓」這種事。可惜，因貧窮而引起的營養不良依舊會發生，因為新鮮蔬果並不是最價廉物美的食物。但只要供應的食物對了，健康的孩子是不可能營養不良的。即使你覺得孩子的飲食習慣很另類、很單一，他也不會營養不良，只要你提供的食物對了，他就什麼都不缺。

緊張傷胃，大人小孩都一樣

　　另一個可能使孩子的身材橫向發展的環境因素就是緊張。尤其當用餐氣氛不好、親子關係緊繃，或者父母在吃飯時施加壓力時，就會造成緊張。有些孩子的反應是「因挫敗而吃」，

有些則變成什麼都不吃，第 75 頁有更進一步的介紹。

結論

前幾頁內容完全符合我們的規則——由你來決定要供應哪些菜餚給孩子。當供應的食物多樣又均衡時，孩子就不會吃太多、太少或吃錯。只有當你準備了太少食物或小孩生重病時，他才會「太瘦」。不過即使外在條件非常理想，孩子還是可能比你希望的胖一點或瘦一點。

何時吃及如何吃也是父母的責任，在電視機前獨自吃飯與不規律的用餐時間都可能造成「肥胖」。如何吃還包括「緊張」，透過家規，你可以左右餐桌是否會變成壓力桌。

讓孩子決定自己要從你準備的食物吃多少。每個孩子在個人能量需求上的差異很大，他們是直覺的照其能量需求而吃。請相信孩子能夠做到這一點，同時讓他知道：「你現在這樣，剛剛好。」這可以強化他內在的聲音和自信。

太胖、太瘦，成長曲線怎麼說？

有個很簡單的方法可以觀察孩子的身高和體重，固定帶他去門診做健康檢查，醫師會把這些資料填入兒童健康手冊的成長曲線圖內。

太矮或太高？

從第 60 頁**圖 1-2**，你可以就年齡來看孩子是偏高或偏矮。以四歲雅麗的成長曲線圖來看，九十六公分的她算是比較矮的，同齡的孩子一百個當中有九十七個比她高。不過她成長穩定又均衡，父母也都不高，可見雅麗的身高符合她的遺傳地圖，一切都很正常。

只要你的孩子像雅麗這樣穩定成長，高度就不是重點。孩子會長到多高，多半由遺傳決定。萬一發現孩子突然停止生長，才需請醫師詳細檢查，因為停止生長可能是某種嚴重疾病的徵兆。

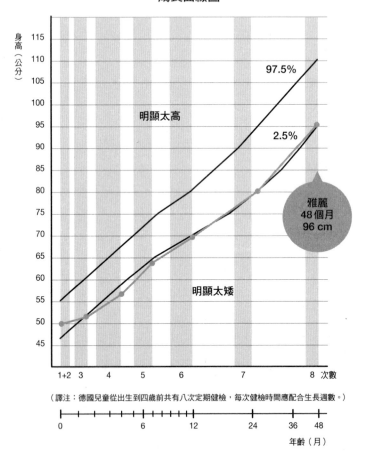

成長曲線圖

（譯注：德國兒童從出生到四歲前共有八次定期健檢，每次健檢時間應配合生長週數。）

圖 1-2：97.5%的孩子都比雅麗高。她的生長速率很正常，
發育得很平均，所以一切都算正常。

孩子會「太高」嗎？當然有些孩子會發育得比別人突出，比同齡玩伴高出一個頭。這些孩子有時候並不好過，因為他們第一眼看起來比較高大，於是人們對他們的期待會比對其他同齡的孩子高出很多。

大多時候，孩子長得快又高，並不是生病，只是遺傳。不過如果成長曲線不再均衡延伸，而是向上爆衝，為求謹慎起見，請帶孩子去找小兒科醫師，確認是否一切還在安全範圍。只有極少數的例外需要進行荷爾蒙治療，讓孩子提早進入青春期，停止長高。

太輕或太重？

第 63 頁**圖 1-3** 的成長曲線圖特別值得注意。從這張圖可以判斷，孩子的身高和體重是否相稱，以及體重增加的情況。請比較看看孩子的數值是剛好落在曲線的哪個區塊？曲線是急速陡升，或者是在某個時間點往下降急轉彎？

圖 1-3 可以看到兒童健康手冊內針對一到四歲兒童預設的

成長曲線。從這張圖上你可以清楚看到安雅、雅麗與賽斯的成長曲線。他們全都四歲，安雅是「標準」，雅麗是「偏瘦」，賽斯是「偏重」。他們的身高體重都發育得很不一樣，雅麗九十六公分，十二公斤；賽斯有二十公斤，幾乎是雅麗的兩倍重，但身高也只多出十公分而已。

這些不同的曲線意味著什麼？

安雅：「標準」

正如兒童健康手冊所示，成長曲線圖上下各印有一條黑線。大部分孩子的數值都落在這中間，安雅就是這種情況。她從出生起體重都很平均的配合她的身高。四年來，安雅的體重一直都很均衡穩定的增加。毫無疑問，她的曲線非常正確，所以她的飲食也很正確。

即使如此，安雅的媽媽還是認為女兒吃太少。每次檢查時她都一一列舉女兒的小食量並抱怨，「吃那麼少根本不夠活下去呀！」我們只得拿出曲線圖給她看，證明她孩子這樣已經是

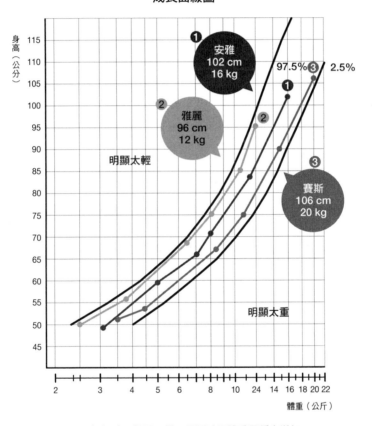

圖 1-3：每個孩子都不一樣。只要孩子體重是穩定增加，
他的飲食就是正確的。

最好的。

雅麗：「偏瘦」

　　如果你家孩子的成長曲線像雅麗的紅色曲線，正好沿著上面那條黑線延伸的話，又代表什麼意義呢？以**圖 1-3** 雅麗的成長曲線來看，她在同齡中算是矮的也很輕。以雅麗的身高來看，她所增加的體重相當少，只有 3% 的孩子像雅麗那麼瘦或更瘦。

　　你家小孩的成長曲線是否和雅麗相似，是沿著上面那條線，或甚至更上去一點？如果是的話，你的孩子一定也很瘦，但不一定太瘦。從曲線圖可以知道，小孩的體重是否增加得很平均。還有他平常活動力如何？健康嗎？如果你的答案全都是「yes」，那麼孩子就不叫太瘦，而是剛剛好。他恰好遺傳到纖細的身材（這來自誰呢？），這樣的「瘦」小孩在德國至少有五十萬人，只有極少數是病態且必須接受治療，不過需要治療的人數比例不會比胖小孩來得多，他們大多很健康且飲食恰當。

　　然而雅麗的父母往往比安雅的父母更難理解和接受孩子的

成長情況，儘管雅麗發育得很好，很符合她的先天遺傳。她個子瘦小，食量也小。這些家長總是需要我們一再鼓勵：「看看這孩子！活潑機伶又敏捷。從她的整體表現就可以看出她這樣剛剛好，飲食完全正確。」

賽斯：「偏重」

　　賽斯的情況就完全不同了。代表他的藍色曲線沿著標準值下緣延伸，你家小孩的曲線是否也是如此？那麼你的孩子正如賽斯一樣，算滿胖的。他大概看起來「圓滾滾的」，相同高度的孩子當中只有3%的孩子跟他一樣重或更重。這種孩子都算「太胖」嗎？不是！從曲線圖可以看得出來，孩子的體重是否像賽斯一樣增加得很平均，沒有突然朝過重的方向「急轉彎」？活潑健康嗎？賽斯的父母在飲食供應與用餐規矩上並沒有犯什麼錯，吃什麼及怎麼吃都很正常。那麼，為什麼他還是那麼重？過重的小孩並不一定等於「胖」。

　　例如賽斯，他十分強壯有力，體內的脂肪比例不會太高，

賽斯的曲線對他來說剛剛好。賽斯的父母很難接受他們的兒子有個「相撲選手的身材」，但是他們本身都不算苗條，他們形容自己是「快樂的胖子」。賽斯的爸爸在青少年足球隊裡擔任教練，而賽斯現在就已經很熱中足球，並且跟著一起踢球。他們全家人都是充滿「活力」的。

每個孩子吃得不一樣

　　前面提到的這三個孩子的飲食都很正確，他們全都能好好吃飯。也許你的孩子也像賽斯一樣，雖然「偏離曲線」但飲食正確，這一點等你讀完健康飲食與家長常犯錯誤（見第 100 頁的「食物金字塔」與第二章）那部分以後，就比較能夠判斷。你將更能明白，這三個孩子是如此的不同，「一如親愛的上帝創造了他們」，三個全都恰如其分。儘管數字有高有低，但這些孩子健康活潑且發育良好。他們從出生起體重就增加得均衡穩定，父母可以很放心滿意，孩子會好好吃飯。

成長減緩或加速

　　體重不見得總是發展得那麼平均。在第 68 頁**圖 1-4** 中，你可以看出凱文和泰瑞莎兩人的成長曲線完全不同。凱文和泰瑞莎兩人都發育得很平均，身高也是中等，不過成長曲線記錄了他們的特殊狀況。

「下修」

　　從代表凱文的藍色曲線可以發現，他出生時體重三千三百公克，正好符合平均值。兩歲時體重十公斤，以他的身高（八十五公分）來說算輕。從四個月大起，他慢慢從平均值滑向「輕」的那一邊。滿一歲時，他終於來到曲線的下緣，之後就很穩定的在下緣移動。與他身高相同的小朋友，一百個之中只有三個像他這麼輕。這是嚴重健康問題的徵兆嗎？凱文剛出生的頭那個月曾經非常「正常」，為什麼這一年多來他的體重變這麼輕？

　　凱文的體重曲線被專家稱為「下修成長」，意思是「在比

體重

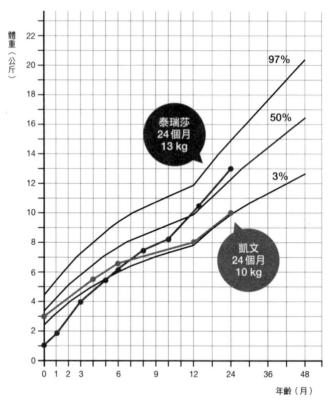

圖 1-4：泰瑞莎和凱文的體重曲線。
體重成長時出現「曲線修正」是很正常的，向上向下都正常。

較低的水準上，趨向均衡成長」。也就是說，他出生的頭幾個月體重太重了。從四個月大起，他的體重增加開始變得緩慢，逐漸符合他遺傳的體重，而且如果保持這樣下去，這樣的曲線也是正常的。

剛開始，凱文的父母當然很擔心。幸好凱文非常健康，而且以這健康的狀態讓他的父母知道他很好。直到凱文快滿兩歲時，他們才確信，凱文在「曲線的下緣」找到他自己的路。

我們從其他出生時超過四千公克的初生兒，也可以觀察到類似的成長曲線。他們的體重通常在一歲左右逐漸向中間移動，因為他們其實是屬於那個區段，而且也會停留在那裡。

「上修」

泰瑞莎的綠色曲線正好跟凱文相反，泰瑞莎提前十週出生，而且出生時體重只有一千四百公克。起先她的體重還有點太輕，接著急速迎頭趕上。在滿一歲時，她就以十點五公斤、七十五公分達到嬰幼兒平均標準值。滿兩歲後，泰瑞莎甚至比

平均值還重一點。醫學專業上稱這類身高體重的發展為「上修成長」，意思就是「逐漸趕上的成長」。

像這類成長曲線的孩子經常是早產兒，剛開始又小又輕。在成長曲線上他們必須先找到他們的路，有些孩子會像泰瑞莎這樣噴射推進，急速增加體重。

出生時的體重不能代表什麼，泰瑞莎和凱文的例子顯示，孩子出生時的身高，尤其是體重，並沒有太大意義。「上修」和「下修」曲線是很正常的：

尤其是滿一歲前，體重的增加可能加速，也可能減緩。

直到快滿兩歲時，孩子才會終於達到遺傳地圖預定的那個體重等級。

審慎評估建議

你或許會問，如果所有曲線延伸的走向都算正常，那它們到底有什麼用？究竟有沒有曲線會點出問題所在？有，但是很少。一般而言，如果孩子的狀態很好，他就可以超出這個標準範圍或標準曲線。即便有些育兒專家的說法有些不同，但孩子不一定得是平均值。

有位媽媽說：「我女兒四個月大，我現在還在全哺乳。兩週前小兒科醫師幫她量完體重判定，以她的身高而言，她太重了，他建議我應該停止哺乳，換餵奶酪，好讓她瘦下來。只喝母奶的小孩怎麼可能太胖！這是基本常識不是嗎？於是我找了另外一位醫生。」

當你聽到有人只根據孩子體重數字就提出的建議時，要審慎評估。為了做出正確的診斷，你應該這樣做：

- 端詳孩子：他健康嗎？發育可好？是否合乎年齡發展？
- 端詳父母：可能有哪些遺傳因素影響？
- 觀察孩子的成長曲線及體重曲線：曲線平順嗎？

不對勁的成長曲線

在這麼多「正常」的曲線之後，為你介紹兩條不太正常的曲線，這種案例雖少，偶爾還是會出現在小兒科的門診中。

肚子就是不餓

小范出生時重達四千一百四十公克，算是超出平均值。小范的媽媽很高興，兒子那麼「好照顧」。他幾乎從來不哭，六週大時就可以一覺到天亮，而且每隔五到六小時才「喊餓」。小范白天也睡得很多。他不太喜歡喝母奶，喝沒幾分鐘就停下來，可是他好像喝夠了，因為他可以撐上好幾個小時到下一次喝奶。

第 74 頁**圖 1-5** 可以看到小范週歲前的體重曲線。通常新生兒在頭幾個月裡體重增加得特別快，很多新生兒在四個月大時體重已經增加一倍。小范在出生頭幾週內增加的體重就已經比一般新生兒少，但這還不算是警訊，畢竟他在出生時特別重。在小范三個半月大做第四次健康檢查時，我們察覺到他六週來

體重根本沒有增加。怎麼會這樣？小范喝全母奶的呀！為什麼他不多喝一點呢？嬰兒一般都知道他們自己需要喝多少。

然而小范不是很活潑，而且沒有持續要奶喝。他沒有給媽媽明顯的訊息，讓她知道他什麼時候肚子餓。五、六個小時的哺乳間隔，對初生兒來說非常長！加上媽媽以為他每次把頭扭開就是「喝飽了」，於是沒有繼續哺乳，而小范也沒抱怨。媽媽很高興，她的孩子這麼「好照顧」。

母乳是按照嬰兒需求而分泌的，雖然小范所需的奶量應該隨年齡愈來愈多，但母乳卻因為小范喝得少、次數少而變得愈來愈少，母乳供應量顯然不足。

小范漸漸開始「挨餓」。當他的體重突然明顯下降時，他媽媽才到小兒科門診來求助。所以我們必須破例建議小范接受額外的副食品，幸好小范在很短的時間內補回體重，並在六個月大時重新回到他正常的體重曲線。

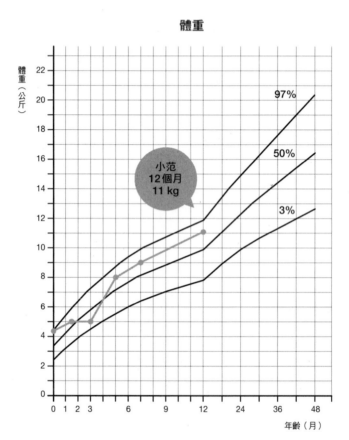

圖 1-5：小范的體重曲線。

藉由專業的建議，讓驟降的體重快速回復正常。

麩質過敏（不耐）症

　　不同於小范，阿元在前六個月內體重呈穩定成長。在這段期間他只喝母奶，後來媽媽改餵他吃麥片粥，他的體重曲線開始急轉直下。診斷結果證實，阿元得了腸絞痛。他無法消化穀物裡的麩質，那會侵襲他的腸黏膜。他媽媽改成以米飯、玉米為主食後，營養的供給再度恢復正常，而阿元也發育得很好。在一到兩歲之間，他的體重全補回來了。阿元的體重曲線請見第 76 頁**圖 1-6**。

因為壓力變瘦變胖

　　或許到目前為止，你還沒看過因為壓力而體重驟減或暴增的孩子。關於這一點，摩根洛特醫師表示：「我至今已經檢查過約兩萬個小孩，在我的小兒門診裡，從未見過這樣的曲線。但小孩只在六歲前會定期接受健康檢查。所以我推論，六歲前還不會因為壓力而突然增加體重，因為他們自我調節運作得實在太好。體重突然緊急下降的情形，也極少出現在健康的嬰幼

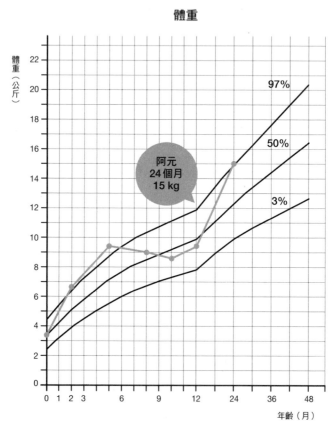

圖 1-6：阿元的體重曲線。

因為麩質過敏症導致體重突然下降，在診斷後迅速回復正常。

兒身上，在我的診所裡一個都沒有。」

然而有些媽媽仍說，她們的孩子幾乎完全拒吃食物。這讓她們非常擔心孩子的健康，親子關係更是因為緊張的餵食氣氛而劍拔弩張。如果嬰兒一再拒絕食物，的確是會讓媽媽害怕。然而做媽的拚命改變這情況，也同樣會使孩子害怕。

「我把六個月大的安安和她媽媽一起安排到兒童醫院的特殊門診，因為這位母親已經完全筋疲力竭。她深信，如果不強制餵安安吃東西，她整天都拒絕吃東西。」

這位媽媽犯了所有我們在下一章裡將談到的錯誤。但即使親子關係如此失常，安安也經常拒絕進食，她的體重仍然持續在增加。雖然母女都需要心理輔導，但是令人驚訝的是，孩子並沒有因此變太瘦。在醫院裡，媽媽學會了在餵食時將主導權留給孩子，並且信任孩子會得到足夠的食物。

發育障礙

真正的發育障礙主要發生在早產兒身上，因為他們接受人

工呼吸與人工餵食長達數週，長期嘴巴和喉嚨連接餵食管，以及持續受到控制的經驗，導致後來有時候不管是什麼東西，只要東西一碰到他們的嘴巴，便一概拒絕。大人必須花很大的耐心與愛心，讓他們慢慢習慣接受奶瓶吸嘴或湯匙的餵食。他們也必須學習自主吞嚥。足月生產的嬰兒在出生後兩天，就能完美掌握吸吮和吞嚥，早產兒則需要一個月才學得會，有些甚至需要三個月才能學會。這時嬰兒可能就會出現壓力與體重下降所形成的惡性循環。當父母無法獨力應付時，就應該接受專業協助。

在孩子剛出生的前幾年內，父母犯的錯誤對孩子的體重還不至於造成太大影響，因為孩子還很能按照自己的需求來調節體重。不過這種錯誤卻會種下惡因，以致兒童和青少年有時候完全荒廢了他們的自我調節能力，而伴隨心理問題一起出現的可能是體重急速增加，或者造成暴食症（吃完就吐）或厭食症這類疾病。第 238 頁起有更詳細的資訊。

結論

- 絕對不要追求打造孩子的「夢幻身材」，接受他原本的樣子，不管是高是矮、是胖是瘦。只要你提供孩子足夠和正確的飲食，那麼他現在的模樣就會剛剛好。

- 在做健康檢查時，可以與小兒科醫師一同檢視孩子身高體重的成長曲線，看看孩子的發育是否有不尋常之處。

孩子看來很健康？那麼他大概也吃得很健康，不管他是胖、是瘦或是中等身材。

- 孩子的穩定成長永遠象徵著，他吃的是正確的食物與正確的食量。

- 在滿一歲之前，體重曲線「下修」與「上修」都是很正常的。不過新生兒或幼兒的體重如果突然急速下滑，幾乎都是因為疾病，一定要找出病因並加以治療。光是給孩子「灌入更多食物」，絕對無濟於事。

- 不管孩子是胖或是瘦，請遵守我們的規則。由你來決定供應什麼食物，孩子自己來決定他是否要吃及吃多少。這規則也適用於特別胖和特別瘦的孩子。只有如此，孩子才能找到他最理想的、早就由基因決定好的體重曲線。

孩子需要哪些養分？營養學輕鬆學

你一定也想盡可能提供孩子一份健康的食物。但是究竟哪些食物對小孩子是健康的，又有哪些不是？在他降臨人世的頭幾個月，這很簡單。母乳是你所能提供給寶寶既「健康」又最好的食物，盡可能仿照母乳成分所調配出來的配方奶粉則是第二選擇。接下來是一段短暫的過渡時期：嬰兒開始斷奶，並且小口小口嚐起他的第一份麥糊。這會持續好幾個月，直到他最後能一塊上桌，並且一起享用餐桌上的所有食物。

關於哺乳期與過渡期，在第三章裡會有更詳盡的討論。接

下來，我們要先談談從幼兒到成人都適用的營養基礎概念。

拿父母做榜樣

　　活到這把年紀，想必你對「健康的」或「有營養的」飲食已有了特定的想法。但是你會每天把這些想法徹底轉換成實際的行動嗎？比方說你覺得咖哩香腸配薯條、小熊軟糖、可樂或炭烤豬排是健康的食物嗎？應該不會吧。可是老實說，你會完全放棄嗎？還有，你是否習慣「小酌一杯」？為什麼很多人總是不顧第二天可能會頭痛，一再重蹈覆轍？

　　答案很簡單，我們在選擇吃什麼時，不會一直被「我認為什麼是健康食物？」這個問題牽著鼻子走。我們所選的食物也和慾望、情緒，以及我們的特殊偏好有關。

　　或許我們對什麼是健康食物有非常明確的想法，可是我們自己也常無法遵照這些想法行事。如果連我們自己都無法抗拒巧克力、美酒，甚至香菸，那麼我們怎麼可能只提供「健康食物」給我們的孩子呢？

什麼是「健康食物」？

要實際區分「健康」與「不健康」食物幾乎是不可能的。因為根本沒有「不健康」食物，至少政府是不會准許販售會損害健康的黑心食物。

喝酒真的有害健康

有個很大的例外就是含酒精的飲料，因為酒精是一種強烈的神經毒物。其他所有的食物都是「健康的」，當然所謂的「健康食物」也可能有問題，尤其是過量攝取或烹調方式錯誤。

吃太少有害健康

當人們吃不飽時尤其「不健康」，別忘了幾十年前在歐洲也曾發生過重大的營養問題。人類平均壽命之所以能大幅度提升，不只與醫學進步有關，也與更佳的營養狀況有關。

大家都認為，某些特別不好的食物也「不健康」。但到今天為止，關於這一點我們所知甚少，大部分都只是推論。唯一

真正能確定的直接關聯就是，吃太多糖會蛀牙。

多運動、多蔬果

　　至今並未證實某些特定的、「營養價值不高」的食物一定就會引發特定疾病。同樣也沒有得到證實的是，吃某些「高營養價值」的食物就絕對可以預防疾病，對抗癌症。

　　二〇〇三年世界衛生組織（WHO）公布了一份大型研究，針對飲食習慣與重大疾病的關聯性進行調查，其中心血管疾病名列前茅。有一項特別重要的結論是，充足的運動在預防疾病上扮演舉足輕重的角色。這一點並不令人意外。一個愛運動的孩子比不愛運動，又整天坐在電視機或電腦前面的孩子，是需要更大的能量，血液循環也更健康。

不管吃什麼，運動量太少總是不健康的。

　　除此之外，另外還有幾點建議能促進血液循環健康：

- 多吃蔬菜和水果

- 少用鹽

- 多食用不飽和脂肪酸（存在植物油和海魚裡），不要食用飽和脂肪酸（存於動物性脂肪、奶油、乳酪、肉類和香腸等這類食物裡）。

　　許多飲食建議並未得到明確證實，是否適用於兒童也尚未經過研究。因此你犯的錯其實比你擔的心要少很多。最重要的一點就是，提供各式各樣適當食材的食物給孩子，讓他能從中挑出他所需的（請參閱第 100 頁的食物金字塔）。

　　準備一餐恰當的食物並不複雜。你不需要對維生素、微量元素、碳水化合物、蛋白質、脂質等有通盤的了解，也不需要精心制訂飲食計畫或維生素圖表。我們在這本書裡只為你介紹幾條基本規則，每一種「烹飪技巧」都可以有很大的發揮空間，照這些規則，你可以提供給孩子夠好的營養。沒有人阻止你精益求精、追求完美，但是樂趣和興趣才應該是你的動力，而非壓力，否則對你和孩子來說，壓力會大於正面意義。

端什麼食物上桌？

反正全部的食物都是「健康的」，那麼父母應該為孩子挑選什麼食物，端什麼上餐桌呢？答案很簡單：全部！

多樣化的食物幾乎已是均衡飲食的保證，所以良好飲食供應的第一條基本規則就是：

有什麼食物就全部供應給孩子！

豐富多樣的食物

孩子已經大到可以和家人一塊兒坐在桌邊吃飯了嗎？他已經會咀嚼和吞嚥了嗎？能自己吃飯、用杯子喝水嗎？如果是的話，那麼他也能逐步分享餐桌上所有的東西：蘋果和朝鮮薊、梨子和藍黴乳酪、馬鈴薯和兔肉、柳橙和橄欖、菠菜和鱒魚、檸檬和節瓜。

這份菜單對府上來說，太奇特或太奢侈了？你倒是不需要這麼誇張，超市裡的食材選擇已經夠豐富的了，好好挑選，讓

你的孩子嘗到食物的各種味道。

如果孩子不願意嘗試新食物呢？那也沒關係。陌生的事物被拒絕很多次很正常，你自己要帶著享受的心情來吃，「運氣真好，全都讓我自己一個人吃！味道真棒！」下一次請你還是要不屈不撓的拿些新口味給孩子嚐嚐看。

永遠只把菜端上桌，而不是「塞進孩子的嘴裡」。不過，長遠來看，你樂於嘗試世上所有人間美味的樂趣與好奇心，將會感染給下一代，即使有時候需要花上好幾年。

漢堡和小熊軟糖？

但是真的應該讓孩子嘗試所有的食物嗎？漢堡、軟糖，還有充斥著色素和防腐劑的零食嗎？沒錯！因為所有你刻意不給孩子吃，或者禁止他吃的東西都會變得特別吸引人。

做父母的當然應該限量供應孩子這類食品，而且是等孩子自己開口要求的時候再給。根據我的經驗，老大通常可以往後延遲得比較久，年紀小的弟弟妹妹則會比較早體驗到「真實的

人生」，而比較早要求吃這類食品。

　　「這個東西吃了不健康」這種論點是說服不了孩子的。就算真的吃下，又會怎麼樣？他們不會昏倒，也通常不會不舒服，而且也不會因此馬上生病。所以這東西怎麼會「不健康」呢？

　　雖然經年累月每天吃上好幾根咖哩香腸是有可能影響到身體健康，但是小孩哪會懂呢？而且如果你只是偶爾給他吃上一根，還有許多其他菜餚，有什麼關係？

不要討論

　　「你一定要吃蔬菜，不然會生病」、「吃紅蘿蔔可以改善視力」、「全麥麵包會讓你更強壯」這些話，孩子會相信嗎？他一句也不信。沒吃蔬菜，他會覺得不舒服嗎？吃完那一份紅蘿蔔，他就看得更清楚嗎？全麥麵包吃下肚就會長肌肉嗎？沒有這麼簡單。「因理解而學習」是不可能的，和孩子討論「健康或不健康」會造成很大的壓力且沒什麼用。

所以最好不要和孩子討論你供應的食物。如果你長期供應各類的食物且不禁止任何食物，你就不需要辯解。這樣一來，每一餐要挑選和提供什麼食物就會很有彈性。

健康飲食新知

太多脂肪不好嗎？大量的碳水化合物好嗎？過去幾年，有許多不同的意見加入討論。我們認為父母不必一定得是營養學家，才能提供孩子正確的飲食。有些資訊可以幫助你適應這座充斥著各種混亂、不同建議的熱帶雨林。

有關飲食的新論點

直到幾年前，都還有項不容爭辯的建議：高脂乃疾病之源，過多脂肪會讓人發胖。有專家主張人們應少吃脂肪、多吃碳水化合物。這份「食物金字塔」（每日營養需求圖）被歐美營養協會大肆宣揚，到哪裡都看得到。「低脂」在美國引發一波歇斯底里的風潮。

世紀交替之際卻突然爆發了一股反對的聲浪：碳水化合物突然變成壞事，特定的脂肪反而是好的。食物金字塔被幾位專家徹底顛覆了，「低脂歇斯底里」突然被「低醣歇斯底里」（只吃少量的碳水化合物）取代。據說，有數家麵食製造商因為產品賣不出去，甚至破產。「升糖指數」（Glycemic Index，GI 值），對許多人而言有如小說《哈利波特》裡那塊魔法石（書中此石可起死回生、點石成金）。難道，我們先前的飲食認知都是錯的嗎？

GI 旋風橫掃全球

　　升糖指數（GI 值）到底是什麼？凡是含碳水化合物的食物——水果、蔬菜、穀物、麵食、米飯、馬鈴薯、糖、麵粉——這些都會讓血糖升高，只是升高的速度各異。有些食物升很快，代表它有很高的 GI 值；反之，需要愈長時間才能升高血糖，其 GI 值就愈低。

　　當血糖升高時，胰腺會釋放大量胰島素進入血液。胰島素

會分解血液裡的糖分子，藉此讓血糖值迅速下降，結果是飢餓感再度出現。此外有些專家斷言，只要血液裡有很多胰島素，任何脂肪都無法被分解。結論就是，碳水化合物會讓人發胖，含脂肪和蛋白質的食物卻不會，因為脂肪和蛋白質不會讓血糖升高。

　　由於不是所有的碳水化合物都以同樣快的速度讓血糖升高，所以便有所謂「好的」和「壞的」碳水化合物之分。低 GI 的就是「好的」，高 GI 的則是「壞的」。最糟的是葡萄糖，因為它會直接進入血液且快速製造大量胰島素。還有白麵包和馬鈴薯也含有很高的升糖指數，所以算是「壞的」碳水化合物。反之，全麥麵包算是「好的」，因為它需要較長的時間才能被分解成細小的「糖分」（即專業術語所謂的「葡萄糖分子」），然後才進入到血液。

低 GI 飲食法

　　各路專家紛紛依此提出各式各樣的飲食法。例如非常知名

的「低 GI 飲食法」（low-glycemic-index），原是大衛‧路易（David Ludwig）醫師所設計的糖尿病患飲食法。路易醫師建議患者多吃水果和蔬菜，以「好的」蔬菜油來調製，多食用富含蛋白質的菜餚，如乳酪、魚、肉、豆類和堅果類、一小份的全麥製品（麵包、飯、麵條），並且少吃以白麵粉、糖和馬鈴薯製成的食品。

同樣知名的「GI 專家」華特‧魏利特（Walter Willet）所提出的建議則略有不同。他勸大家多吃全麥製品。此外，他也將蛋白質食物分成「優質」與「非優質」兩種：豆類、魚類和家禽類肉品應該常吃，紅肉則少吃。然而，在德國帶頭擁護低 GI 飲食法的妮可萊‧沃姆（Nicolai Worm）卻強力建議要多吃紅肉。

針對升糖指數的飲食建議，更是經常被當成減肥飲食，例如蒙提法或葛利帕策（Marion Grillparzer）的 GI 節食法。

升糖指數，對孩子很重要嗎？

上述飲食建議不盡相同，甚至互相矛盾，令人錯亂。有哪些是真的對家長有幫助的？GI 值對健康的兒童飲食有何意義？父母非得隨時對照手邊的 GI 表，並且在端菜上桌前，思考哪些是好的、哪些又是壞的碳水化合物嗎？我們大可不必這麼做，如前面所提的，最重要的是食物的多樣性。碳水化合物畢竟是兒童與成人飲食中最重要的營養成分，我們不應偏廢。

德國營養協會（DGE）也曾對升糖指數進行詳盡的討論，得到以下結論：限制攝取碳水化合物，並以多吃脂肪和蛋白質來取代是不合理的。升糖指數還不適合做為評估食物特性的可靠工具，因為 GI 值會隨食物種類、烹調方式、食物的組合，而有很大的變動。而且到目前為止，尚未證實低 GI 的特殊飲食可以預防肥胖或糖尿病。

不過有一項來自升糖指數研究的認知，至今仍受到德國營養協會的重視，並且將它納入一般飲食建議當中——從現在開始，我們應更加注意不同種類的脂肪與碳水化合物食物的差

異。接下來有更詳細的敘述，但大原則仍是：

多提供孩子碳水化合物，少提供脂肪。

太多脂肪的壞處為何？

讀到這裡，你應該已經知道，過多脂肪會讓人體內的自我調節能力亂成一團。一小份高油脂食物就含有大量卡路里，會誘使大家攝取「超過滿足飢餓」之所需。這是因為脂肪會增加食物的香氣，讓食物吃起來更美味。通常吃太多代表吃下太多油脂。在德國，來自脂肪的熱量占了總飲食熱量的40％。這實在太多了！低於30％會比較理想，另外還要注意脂肪的品質。

好脂肪，壞脂肪

脂肪不等於油。所謂的不飽和脂肪酸要比飽和脂肪酸好，奶油、乳酪、鮮奶油、香腸和肉類，都含有很高的飽和脂肪酸。我們不該吃太多這類食物，因為長期攝取這類脂肪會造成

血液循環的負擔。反之像菜籽油、橄欖油這些植物油與堅果，以及鮭魚、鱒魚或鮪魚這類富含油脂的海水魚，都含有豐富的不飽和脂肪酸。請儘量食用這一類的好脂肪。

碳水化合物的好處為何？

　　植物性食物如米飯、馬鈴薯、水果、蔬菜和所有穀製品（如麵包和麵條），大多是由碳水化合物所組成的。相較於脂肪，碳水化合物不像脂肪含有那麼高的「能量密度」，也就是說，這些食物就算多吃一點，攝取到的卡路里仍很有限。水果和蔬菜則含有很多水分與無法消化的物質（即纖維質）。尤其是全麥製品，也同樣含有豐富的纖維質，因此當身體所需能量的一半以上是由碳水化合物供應，而且絕大部分是來自蔬菜水果和全麥穀物時，這種飲食就可被稱為富含營養價值的飲食。

　　德國營養學家福克・普德（Volker Pudel）指出，碳水化合物的另一項優點就是：我們可以大量食用卻不會發胖。他的理由是，人類不同於豬和老鼠這些科學家偏愛的實驗動物，牠

們所攝取的每一份多餘的碳水化合物卡路里，都會立刻轉換成脂肪，並因此變胖。人類是把每一份不需要的脂肪卡路里先轉換成脂肪，碳水化合物反而會優先被消耗掉，而且只有在極端情況下才會儲存成脂肪層。像是一天內吃進了大量的碳水化合物，比如三公斤的馬鈴薯、兩公斤的麵條，或者五百公克的純糖，但是誰會這麼吃啊！

糖例外

糖完全是由碳水化合物所組成。正如麵包、米飯或麵條這類碳水化合物，糖在身體裡也會轉換為葡萄糖，然後進入血液，成為能量的供應者，所以糖並不全然是「有害」或「不健康的」。儘管如此，還是不該大量食用糖：

- 糖會引起蛀牙。
- 與其他大部分富含碳水化合物的食物相反，糖不含任何維生素、微量元素和纖維質這類有價值的營養成分。糖是空熱量（empety calories）食物。

- 正如脂肪，糖也會擾亂內在自我調節與自然產生的飢餓感和飽足感，導致我們吃下過多食物。
- 糖多半不是以純糖形式被食用，而是跟許多油脂結合在一起後被吃下肚，蛋糕、巧克力、冰淇淋都是。所以，甜食經常是典型的「發胖食物」。

順便一提，蜂蜜並不比糖「健康」。它幾乎完全由葡萄糖、果糖和水組成，因此它的評價與糖一樣。

所以我們「供應一切食物」的規則必須稍加修改：

限制糖和甜食，多食用全麥製品，
如全麥麵包、糙米和全麥麵條。

蛋白質，簡單！

在我們的飲食建議中找不到蛋白質嗎？關於這點，恭喜你，不必擔心蛋白質，因為它既存在植物性、也存在動物性食品中，所以我們永遠都能得到足夠的蛋白質。

只有素食者必須注意要挑選含有足夠蛋白質的食物，如豌豆和菜豆，這些豆類都含有豐富的植物性蛋白質。需要特別注意的是，肉類和香腸不只富含蛋白質，同時也含有許多隱藏性油脂。瘦肉、魚、低脂奶酪和豆類都能讓人飽足，卻不會讓人發胖，因此這類食物是值得推薦的蛋白質來源。

　　德國營養協會建議，注意攝取足夠的碘和鈣質。不過到目前為止，尚未發現因為攝取太少鈣質而引起的營養不良。蔬果和奶製品也都含有豐富的鈣質，例如杏仁、菜豆、綠花椰菜等都是。

　　此外，碘很重要，它可以讓甲狀腺發揮正常的功能。如果我們使用添加碘的鹽，並且選擇食用加入碘鹽烘焙的麵包，那麼我們的身體就可以得到足夠的碘。

各種「食物金字塔」

　　哪些食物最好，可以藉「食物金字塔」來顯示。我們認為第 100 頁的**圖 1-7** 是排列較理想且一目了然的金字塔圖形。

美國食物金字塔

美國食物金字塔是一座階梯式的金字塔，圖上金字塔的旁邊可以看到跑步、踢球、熱愛運動的孩子。也就是說，運動也被列為健康飲食最重要的原則，雖說這好像跟飲食一點關係也沒有。

多運動在健康的生活方式裡名列第一。

是的，光靠正確飲食無法讓孩子變得健康又有活力。不運動的人幾乎不會消耗熱量，因此很容易堆積脂肪，此外血液循環也跟著不旺盛，肌肉會萎縮。其實孩子只要有機會運動，都喜歡運動的。有三樣東西會讓他們愈來愈不運動：電視、電腦和遊戲機。如果你清楚明白的限制孩子看電視和玩電腦的時間，他們大概就會自動去運動。對孩子的健康而言，限制看電視和玩電腦的時間，跟限制油脂和糖分一樣有效！

3D 食物金字塔

　　一份由兒童營養研究機構所推薦的食物金字塔，它是立體的，底部呈圓形，而且必須先組合好才能立起來。

　　這個版本的飲食金字塔的建議其實相當清楚好記。它根據一個非常簡單的「紅綠燈原則」：

- 充分供應孩子喝的東西，最好是水。
- 充分供應孩子植物性食物，例如蔬菜、水果、穀物製品和馬鈴薯。（「充分」代表「無限制」。水和這些碳水化合物是綠燈。）
- 適度供應孩子含動物性蛋白質的食物，如牛奶、肉類、香腸、雞蛋和魚。（「適度」代表「不是毫無限制」，也就是黃燈。）
- 少量供應孩子高油和高糖食物。（「少量」以紅燈代表。）

紅綠燈食物金字塔

　　我們終於找到一份適合的、最新的食物金字塔，它是以前

紅燈區：
少量供應

黃燈區：
規律但適度供應

綠燈區：
無限量提供

圖 1-7：3D 食物金字塔

面所提到的「紅綠燈原則」做為架構。

綠燈區：無限制

我們從「綠燈區」開始談。值得一提的是，同樣被納入食物金字塔的飲料。沒有任何飲料比水更適合解渴，自來水也行，大部分地區自來水的品質都是介於好到很好之間。不加糖的茶或加大量水稀釋的果汁，也都值得推薦。牛奶和未稀釋的果汁因為含有額外添加的營養成分，並不適合解渴。

特別不好的是，因為喝下可樂、汽水這些甜滋滋的飲料，或者未經稀釋的果汁，進而連帶增加了每天攝取到的糖分。可是面對這些受歡迎的可樂和汽水，最好的方法是什麼呢？它們是什麼就把它們當什麼，可樂和汽水就是甜食，可以偶爾喝喝（孩子生日或上館子時），但是絕對不可以常常喝。

同樣位在食物金字塔綠燈區的還有穀物製品、麵食、米飯、玉米和馬鈴薯，也就是碳水化合物含量特別豐富的基礎食物，它們是孩子的營養基礎。幸好這些基礎食物特別價廉物美，大可多

多攝取。請記得,要常吃全麥麵包、全麥麵條和糙米。

金字塔的第三層也是綠燈區。水果和蔬菜永遠不嫌多,前提還是一樣,烹調時要節制用油和糖!蔬菜水果也富含碳水化合物,同時含有豐富的水分及許多維生素和礦物質。

即使孩子不怎麼喜歡吃蔬果,你仍應不著痕跡的一再供應各式各樣的蔬果,新鮮的、冷凍的、瓶裝的、罐裝的、水果乾或果汁都行。新鮮的蔬果非常適合當點心,甚至可以破例邊看電視邊吃,削過皮和切成小塊的蘋果、橘子等水果,即使是小小的「水果歧視者」也會願意品嚐一下。大頭菜、紅蘿蔔、大黃瓜或青椒,也都可以這麼做,配上加有香草的優格醬,就成了一道任何孩子都無法抵抗的點心。

黃燈區:適量

金字塔的第四層換了顏色,黃色代表適度,這一層的寬度也明顯變窄。一邊是牛奶和奶製品,另一邊是魚、肉、家禽類肉品和豆類等,它們當然也是每日飲食中的重要成分。但跟綠

燈區比起來，食用量要大大減少才符合健康飲食的要求。這一組食物絕對要限制供應的另一個理由是，在這一層裡，尤其是乳酪、肉和香腸，也隱藏了許多油脂。奶製品含有重要的鈣質，低脂牛奶喝起來一樣好喝！

紅燈區：審慎挑選，少量供應

紅燈代表：「停！限制！」油脂和甜食應該少量供應。不過你不必完全捨棄不用，因為肉或蔬菜沒有鮮奶油、油或奶油來烹調怎麼行？只要記得油的品質是有差別的。從深海魚和堅果提煉出來的油，營養價值很高，特別推薦使用菜籽油、橄欖油和葵花油。但是這些高品質的油也不該無限制使用，因為它們的熱量也很高。

完全無糖是行不通的，精緻的飯後甜點如果沒有糖怎麼會好吃呢？更別提那牛奶巧克力在嘴裡融化時的溫柔口感了。甜食真的可以短暫提升人們的愉悅感，因為它能加速釋放幸福傳導物質——血清素。或許這就是為什麼人們很難不吃這些美

食。不該完全不給孩子吃甜食，但是可以限制供應。從購物時就開始這麼做吧！家裡不必每天都備有甜食，但也不必每天都有蛋糕或餅乾，只有特別的場合，允許他們大吃特吃。

　　油和糖讓我們的餐點變得美味可口，所以在使用上更要好好掌握用量，有限制且有計畫的使用。因為無聊或順便吃一下時，千萬別喝全是糖的汽水，或者邊看電視邊吃油膩膩的洋芋片。

「紅綠燈食物金字塔」，從幼兒開始適用

　　你覺得少談了維生素、礦物質和微量元素嗎？只要你遵照我們建議的飲食規則，並且提供豐富多樣的食物，那麼你大可確定孩子絕不會營養不良，即使他從中只挑選了單方面的食物來享用也不會的。

**只要每天的飲食供應正常，
就不必另外補充維生素和其他營養添加品。**

按照紅綠燈食物金字塔所供應的食物，在兒童營養研究所被稱為「理想的混合飲食」。基本上這些飲食規則適用於任何年齡，只要孩子能夠參與一般正常用餐。從哺乳或喝配方奶粉如何過渡到一般正常的三餐，以及從嬰兒到學齡兒童各個不同年齡層的飲食特性，我們會在第三章裡詳細敘述。

平常就應用食物金字塔

「食物金字塔」的建議最好與「好好吃飯規則」配合。呼應食物金字塔的規則，你要注意限制糖和油的攝取，挑選正確的食用油。你提供的飲食要包括富含碳水化合物的食物──基礎食物（特別是全麥製品）、水果和蔬菜。如此一來，你的孩子就可以自己決定他想吃多少。

請限制供應油脂和甜食，這類食物你端上桌多少，小孩就可以吃掉多少。你是「飲食守門員」，「放進」油和糖的時間、頻率與數量都由你決定。孩子永遠可以再多添一些飯、馬鈴薯、麵包、蔬菜或水果，但不可以多給一份你端上桌的布丁、

巧克力、蛋糕、洋芋片或肥肉。如果當天或這星期所攝取的油脂或甜食已經很豐盛，那麼這些食物就該減量或完全不端上桌。孩子每一餐都可以靠紅綠燈食物金字塔裡的綠燈區食物來滿足他的「極度飢餓」。

▶▶ 四歲的克拉拉的爸爸卻有不同的看法：「如果我讓克拉拉自己挑選食物的話，那麼她每天早餐都會選巧克力核桃抹醬，桌上可能會留下其他最棒的東西！」

克拉拉的爸爸忽略了一點，巧克力核桃抹醬特別受孩子歡迎，將抹醬納入供應單裡絲毫不違反規則，但是一定要每天都供應嗎？克拉拉的爸爸可以決定抹醬一星期放上餐桌幾次。要是沒有巧克力抹醬的話，克拉拉會怎麼做？也許她會哭鬧。但哭鬧也達不到目的，一段時間後她就會放棄。也許她要「測試」她爸爸，於是完全不吃早餐。要是爸爸接受她這麼做，而且克拉拉得等到下一餐的話，那麼這個問題也就迎刃而解。而如果克拉拉真的既不喜歡香腸，也不喜歡乳酪、奶酪、果醬呢？沒關係，還有麵包，每天都有，要吃多少都行。

重點整理

☑ 身材只有部分能被左右

孩子會變胖或變瘦，不管是哪一種體格，其實絕大部分都是由遺傳決定的。

☑ 重點是運動

不管孩子是胖是瘦，只要他健康活潑，那麼他的食量應該就恰恰好符合他的需求。

☑ 多樣化很重要

組合出最理想的飲食其實很簡單：有什麼就供應什麼，愈多樣化愈好。

☑ 混合飲食最好

供應的食物應該包含很多碳水化合物（但不要太多糖），而且不太油。多吃全麥產品，植物油優先。食物金字塔可以幫助你。

餐桌變戰場？

本章你將讀到

當父母管太多，會發生什麼事：

替孩子決定他該吃多少，是不會得到好結果的。

當父母管太少，會發生什麼事：

讓孩子決定哪些食物上桌和吃飯時該有哪些規矩，

是不會得到好結果的。

當父母管太多時

端什麼菜餚上桌是由父母來決定，這一點我們在第一章就已經詳細論述。你的孩子可以且應該自己決定要不要吃，以及想吃多少。如果你加以干涉，就是違反規則——你在「騙他吃飯」。當吃飯變成親子角力，這對父母和孩子都是壓力，而且重點就不再是「飽」或「餓」，而是「誰贏了」。父母讓孩子看見的是：「這件事你不可以自己決定」，父母不相信他可以自己調節這簡單且重要的基本需求。

　　於是，孩子不再相信自己可以做到這一點，不再傾聽內心的聲音。如果情況繼續惡化，他會慢慢有種「我的身體好像不對勁」的感覺，不再喜歡自己的身體。當父母「欺騙」年幼的孩子吃飯時，大部分的情況都是，父母促使孩子吃下超出他自己所需的食物。他們會說：「你一定要吃，你太瘦了。」但有時候情形又正好相反，父母給孩子吃的比他想吃的少，並告訴他們：「不准吃了，你會變太胖。」

「不准吃太多！」

　　想像一下這個情形：一個媽媽以「不准再吃了，你會太胖」為由，拒絕讓她六歲的女兒再添一些麵條、再吃一片麵包或蘋果。小女孩可能會覺得很受傷且倍感壓力。雖說食物是不該整天都隨手可得，但是在吃飯時間，食物金字塔綠燈區的食物，應該讓孩子想吃多少就吃多少才對。

　　不讓孩子吃，而且因為怕他會吃不停而將餐盤從他面前拿走，這實在是個嚴重的錯誤。幸好這情況很少發生在嬰幼兒身上。因為害怕孩子變得太胖而經常不讓他吃飽的父母，也只有極少數。在這類極端的教養情況下，確實必須擔心孩子的健康。

刪除甜食和點心

　　下面這則故事談的是許多家長很熟悉的主題：限制兩餐之間的點心。

▶▶　梅蘭妮的媽媽來接受諮詢時，梅蘭妮四歲。梅蘭妮總在每

件事情上都測試她媽媽的底線，吃飯也不例外。全家人一起吃飯時，她都吃得很少，經常哭鬧和噘嘴。有時候她什麼都不吃，可是兩餐之間又愈來愈常要東西吃，尤其是要吃甜點。

梅蘭妮好像整天都想著吃。她媽媽試著跟她討價還價，一開始媽媽經常讓步，直到她發現梅蘭妮變胖，胖到連褲子都穿不下。這讓梅蘭妮媽媽大吃一驚，於是開始貫徹執行不買甜食，三餐之間再也不提供任何食物。接下來發生的事讓梅蘭妮的媽媽完全手足無措：她兩次逮到女兒在超市裡把餅乾塞進毛衣內。梅蘭妮順手牽羊，而且她才四歲！

怎麼會落到這種地步？梅蘭妮媽媽確實是貫徹執行了，但很顯然，她的煞車踩得太猛，對女兒造成了壓力。只有早上、中午和晚上有東西吃，從來不給一丁點甜食或真正美味的東西，這讓梅蘭妮很難接受。她真的很想吃，而且一定要想辦法弄到一些，所以在超市時她就忍不住下手拿餅乾了。

然而，光是讓步且無限制的讓梅蘭妮吃甜食也不是辦法，於

是我們共同找出下面這個解決之道：每天中午都有一小份飯後甜點，不管梅蘭妮是否乖乖把飯吃光，她都吃得到這份甜點；有時候下午有準備蛋糕，那麼這份午餐甜點就會取消。這樣一來，她媽媽既能滿足孩子對甜點的需求，又不會失去控制權。

梅蘭妮愛吃小橘子，於是她媽媽買了很多小橘子。在兩餐之間，梅蘭妮要吃多少小橘子就可以吃多少，而她真的吃。第一天她吃了十八顆，其中十顆還是一口氣連續吃下去的！對梅蘭妮而言，終於能好好大快朵頤一番很重要，而且不會被罵或碎碎唸說：「別吃了！你的褲子已經穿不下了！」這樣一來，媽媽滿足了梅蘭妮的需求，允許她自己決定一樣最愛吃的食物的量，而且水果是不需要限制的。一星期之後，小橘子漸漸買得比較少了，梅蘭妮也能接受。現在她一天吃四顆就夠，而且是在開始實施的點心時間裡，坐在餐桌邊吃的。這場親子對抗賽總算落幕。

梅蘭妮媽媽在讓步和過度堅持之間擺盪。梅蘭妮的故事顯示，過多限制和完全禁吃甜食會帶來壓力與致命的後果。請相

信絕對能找到媽媽與孩子都能接受的解決之道，而且這可使一場飲食對抗變得多餘。

野蠻的限制

另一個故事是位年輕小姐告訴我的。她不只不准吃甜食，連三餐的食量都被控制。

▶ 目前二十四歲的莎拉回憶道，她爸爸從前很忙，沒什麼時間陪她，而且對她也不是很慈愛。但是有件事很重要，他要一個苗條的女兒。他嚴格規定她午餐不准吃第二份，不准吃甜食，禁止女兒在兩餐之間靠近冰箱。有一回她被逮個正著，結果廚房就被上鎖。她總是不斷聽見：「會變太胖！」

莎拉還清楚記得那感覺有多可怕和屈辱。原本她的零用錢很少，所以根本買不起零食。在接受教會的堅信禮過後，情況改變了，她突然有了三百元可以自由使用。你不難猜出莎拉如何運用這筆錢，兩星期後就一毛也不剩。莎拉把錢全都花在零食上，她一個人把東西全部吃掉，偷偷的且帶著罪惡感的吃。

莎拉的故事是個很悲傷的故事。它反映出父女之間的關係，他不信任她，不重視她的需求，對她施壓，並且羞辱她，連飯都不給她吃。這件事造成的壓力愈大，莎拉就愈常想到吃。直到今天，莎拉都還必須對抗這些壓力所造成的後果：她才一搬離家裡，體重就急速增加。一直到現在，即使她已經吃飽了，都很難停下來不吃。

毒害自信

　　即使你不曾野蠻的把廚房鎖起來，或者拒絕給孩子再添一點食物，但只要你覺得自己的孩子真的「太胖」，想要干涉與施壓的那股慾望便依然很大。你根本看不下去，孩子吞下了那麼大份的食物。當他吃冰淇淋、蛋糕或甜食時，你會有罪惡感。「不要再吃了，因為你會變得太胖」這句話會先在你的腦海中盤旋，然後終究還是「脫口而出」。小心這種話會毒害孩子的自信。

　　設身處地為孩子想想，想像一下客人來訪時，桌上正好有

你最喜歡的點心。就在你正想拿起一塊來好好享受一下時，先生突然抓住你的手說：「夠了，想更胖嗎？」你有什麼感受？既受傷又屈辱？憤怒到想當場報復他，離婚算了？

同樣的，孩子聽到這種話一定也覺得很難受，他不能跟你離婚，但是他可以報復你，向你證明他比你強。於是他開始跟你抗爭，而且更加大吃特吃起來。

命令節食

由你自己或別人來規定孩子節食好嗎？一點都不好！如果你擺了減肥餐在孩子面前，那等於是一直拿著寫有「不准再吃，因為你太胖」的標語走來走去一樣。節食就是壓力！就算大人可以自己決定是否貫徹節食到底，大部分的大人節食也還是有「溜溜球效應」，體重只是暫時減輕了，每次節食結束很快又復胖更多回來。命令孩子違背個人意志去節食是種野蠻的壓力。因為孩子缺乏動機，所以這樣做一點效果也沒有，反而很可能造成嚴重後果，讓孩子變得更愛吃，而且會利用每個機

會把肚子填滿。他忘記自己會自我調節，而且覺得自己被虐待（他確實是）。

讓孩子去面對「你要不要節食？」也一樣行不通。這個問題其實是個陷阱，因為裡面隱含兩個訊息：

- 「你不該吃，因為你太胖。」
- 「如果你太胖，完全是你自己的錯。真正有意志的人也可以變瘦。」
- 「你不准吃，因為你會變更胖。」這句話只會讓一切變得更糟糕！

幫助孩子的方法就是，告訴他：
「我就是愛你現在這個樣子！」

用遵守規則取代施加壓力

不管孩子是否真的過重，或者只是你太杞人憂天，你還是可以幫得上忙，但又不會屈辱他或過度限制他的自由。

想辦法讓孩子多運動，騎腳踏車、參加球隊或和你一起玩球，你應該不斷鼓勵和支持孩子運動。

幫助孩子

面對甜食（包括飲料）和油膩的食物，要有限制的採購和供應。家裡根本不要儲備這種零食。

永遠不要給胖小孩差別待遇。食物金字塔適用於所有人，瘦皮猴和胖小子都一樣，讓孩子自己決定他想要吃多少麵包（全麥的！）、馬鈴薯、飯、麵或蔬菜水果，所有食物金字塔裡綠燈區的食物都是。

讓孩子自己決定飲食份量這件事非常重要，即便你覺得份量太多了，也不要阻止。

只規定吃飯時間、點心時間，還有吃飯的規矩。

看出問題

如果孩子在很短時間內，體重突然增加很多，背後可能有

別的問題。找出原因很重要，一旦知道原因，也許你就可以幫他解決問題，如果自己辦不到，請尋求專業協助。

給予自信

你能做且可以做的就只有這樣。請記住，你對孩子身材的影響力是有限的，但你卻可以大大影響他是否喜歡自己的身體，以及他是否相信自己可以按照內在的聲音來調節飲食。這會讓他一生獲益不淺。

如果你的孩子真的過重了，第四章可以幫助你。

「多吃點！」

我們在小兒門診裡做的問卷調查結果證明，家有一到五歲小孩當中，有二成的家長認為：「我的孩子吃太少」，從這個想法到「騙小孩吃飯」往往只有一步之差。你也認為孩子「太

瘦」嗎？父母最常做的就是讓孩子吞下更多食物，好讓他長一點肉。但是如何在不施壓的情況下，做到這一點呢？答案是，都行不通。你必須允許孩子自己決定食量，即使他吃的很少也一樣。然而，家長會利用很多機會違反這條規則，而且給孩子灌進超過他想吃的份量。

強迫餵食

強迫餵食有可能是種極端的方式，並對孩子造成很大的傷害。摩根洛特醫師談到他門診中的一個例子：

▶ 我見過最糟糕的例子，發生在一個六個月大的小女孩身上。她媽媽無法忍受孩子不肯接受湯匙餵食，每一次她女兒總是哭喊的把頭扭開。有一天，正好這位媽媽自己身體不舒服，於是她在絕望中，粗魯的把湯匙塞進孩子的喉嚨。當這位失控的母親帶孩子來門診時，我赫然發現孩子的上顎都撕裂了。小女孩因為無法吞嚥，必須立刻住院治療。

不是只有演變成最嚴重的虐待兒童才叫強迫餵食，只要是

違背孩子意志的餵食都算強迫。

　　我聽家長談過，因為孩子會反抗且把大部分食物都吐出來，所以他們是在浴缸裡餵孩子吃東西。也有些家長一再把奶瓶強塞進小寶寶的嘴裡，直到喝完為止。

　　有些家長會抓住孩子的頭，讓他無法把頭轉開。有的是掐住孩子的臉頰，或是把孩子的鼻子捏著，好把食物灌進張開的嘴裡；或是等到孩子尖叫時，一口氣把食物塞進他嘴裡；或是把湯匙伸進咽喉，只要湯匙深入舌根，孩子就無法用舌頭把食物推出來。這些殘忍的「技巧」在上一代還非常流行，你自己還是小寶寶的年代或許也曾被這樣餵食過。事實上，一直到七〇年代，哺乳還算是少數，幾週大的小寶寶就已經被用湯匙餵食。湯匙必須伸及食道口，否則小寶寶隨即會用舌頭把食物都吐出來。在前四個月內，他們這麼做是反射動作。現在大家都明白，提早用湯匙餵食根本是荒謬的做法。

　　但是較大的寶寶和幼兒仍然經常出現被強迫餵食的情況，這麼做的父母都是因為絕望無助。那些自己小時候也曾被強迫

餵食過的父母，卻永遠也忘不了這經歷。有位媽媽告訴我，她小時候如果沒有把放在面前的那份食物吃完，就會挨打。如今這位媽媽餵她兒子吃飯時也碰到問題，我一點也不意外。

另一種「比較無害」的強迫方式也很流行：盤子裡的食物要吃光，否則不准起來。哭也沒用，菠菜一定要吃完，不管有多痛恨它。每一個小時候被強迫吃東西的人都知道那個後果是什麼。有時候即使過了好幾十年，一想到都還會出現噁心、不舒服的感覺。強迫餵食是父母絕望無助的行為，對任何人都沒有幫助，反而會造成許多傷害。如果你覺得這裡講的就是你，請與小兒科醫師談一談。身為父母，你需要協助與支援。

「你不愛我！」

強迫餵食有時也會暗地進行，你或許可以設身處地想一想以下情形：

婆婆的奶油蛋糕

　　想像一下，你受邀到婆婆家用餐。她忙了好半天，然後端了一個好大的奶油蛋糕上桌。偏偏你最恨奶油蛋糕，但是你又不想讓她失望。你知道要是一口都不吃的話，對婆婆是種侮辱。婆婆一定會推論：「她不吃我用愛心烤的蛋糕嗎？啊，她不喜歡我！」雖然你覺得這種推論荒謬至極，但你還是點點頭，很勇敢的吞下一塊蛋糕。當她滿懷期待看著你問：「好吃嗎？」甚至在你還來不及抗議時，第二塊已經放在你盤子上了。這種情況下你不會很有壓力嗎？你最想怎麼做？還會期待下一次再去婆家吃飯嗎？

愛不是來自胃

　　有類似行為的家長不在少數，例如奧嘉的媽媽：

▶▶ 奧嘉的媽媽會特地為孩子煮飯。她把餐點放在孩子面前並滿懷期待的看著她吃。要是兩歲的奧嘉拒吃的話，媽媽會覺得很受傷。她會由此推論說：「我是充滿愛心為你煮

的。你卻不接受我的愛。你不喜歡我。好可怕！」

奧嘉感受到兩樣東西：媽媽過度的期待，以及當她什麼都不吃或吃很少時，來自媽媽的極端失望。

你現在大概很能體會奧嘉的感受吧，這跟你在婆家的那個情況很類似吧。但是奧嘉更為難，如果她什麼都不肯吃的話，她會被媽媽餵，你婆婆總還不至於這麼過分吧。而且奧嘉每天感受到媽媽期望的壓力好幾回，相對來說，你還是偶爾才必須在婆家吃飯。

有時候奧嘉也會很有禮貌和「貼心的」把食物都吃光，這時她媽媽就會很快樂，並且大大誇獎她。但是大多時候，奧嘉都不是很有禮貌，她通常不喜歡吃，而且她會很明顯表現出來。她把食物濺得到處都是、又是哭鬧又是尖叫、試圖從她的高腳椅上站起來或跑來跑去。當她被餵食時，常常把頭扭開或拍打湯匙。這時她媽媽會很沮喪，有時候她會失去耐心並大聲咒罵；有時候會讓步，讓奧嘉一邊吃飯一邊滿屋子跑，全看媽媽的心情而定。

長久以來，奧嘉媽媽都沒有察覺自己在對女兒施壓。她把吃飯跟「你好乖」以及「你愛我」劃上等號。對她而言，不吃飯代表「你很壞」及「你不喜歡我」。奧嘉感受得到這些，但是她被搞糊塗了。這跟飢餓和吃飽有什麼關係？難怪奧嘉不怎麼喜歡吃飯。難怪她常常反守為攻，藉由拒絕一切來「處罰」她媽媽。儘管如此，奧嘉的體重仍然一直增加。她那與生俱來的調節系統一直運作得很好，所以她吃得很足夠。但是母女關係卻受到這不必要的壓力干擾，使得兩人每次吃飯都很緊張。她媽媽每天除了三餐之外幾乎沒辦法去想別的事，她幾乎整天都很緊張。

　　奧嘉媽媽必須了解，對女兒的關愛不是通過胃。即使女兒通常吃很少，甚至偶爾什麼都不想吃，她依然是個好媽媽。她必須了解，奧嘉能夠完美調節她自己的食量。

　　在媽媽施加這麼多壓力下，奧嘉還是一口都不肯吃。沒有了這些壓力，奧嘉的總食量可能也不會比較多，她也不需要，因為她的成長曲線完全正常。但是媽媽和小孩在沒有壓力和緊

張的氣氛下吃飯，絕對會更有樂趣。

廚房提示卡

　　理智上，奧嘉媽媽都明白這一切，但她一直無法照做。那份不信任感太深，而且太多來自她自己童年的「妖魔鬼怪」還在她腦海裡盤旋。所以我們一起想出幾句可以讓她貼在廚房的提示卡，幫助她「驅魔」：

- 「只要你健康又快樂，不管你吃多吃少，我都無所謂！」
- 「不管胖瘦，我都愛你！」
- 「我相信你會取你所需！」
- 「我接受你現在的樣子，不管你吃多少都無所謂。」
- 「沒有一樣你愛吃的？沒關係！」

　　另外一項建議對奧嘉媽媽幫助很大。她總是「特地」為女兒煮飯，自己並沒有一塊兒吃，理由是：「我光看到食物就會胖。」所以她總是坐在一旁，目不轉睛的盯著女兒吃下每一口飯。請站在奧嘉的立場想一想，光是媽媽殷切的目光就已經構

成壓力了！

　　後來，奧嘉媽媽開始做出改變，她裝一些在自己的盤子裡，並且每一餐都陪女兒一起吃，她開始把注意力集中在自己的食物上，不再過度注意奧嘉的食量。

　　如果你跟奧嘉媽媽一樣，很難「忍受」孩子的食量那麼小，請注意不要施壓。我們在附錄裡（見第 253 頁）製作了一些可以剪下來張貼的「廚房提示卡」，如果你的孩子已經會讀字、會背這些標語，可以偶爾提醒你注意的話，這些標語就更有幫助。

「不吃青菜就沒有點心！」

　　「先把盤子裡的食物吃光，否則就沒有飯後甜點！」這句子經常成為家長的口頭禪。如果孩子「乖乖的」把飯吃完，他就可以得到一份甜點做為獎勵。如果他沒有「乖乖的」吃完，就沒有甜點（或者在他哭鬧夠久以後才有）。很多父母都這麼做，而我承認，我以前偶爾也會這樣對我的老大和老二。現在

我知道，那樣做是得不到什麼好結果的。為什麼得不到呢？

　　有項關於吃飯獎勵的研究：研究人員將學齡前的兒童分成兩組。其中一組會得到獎勵，當他們嘗試某種新菜色時，另一組則沒有獎勵。得到獎勵的孩子會出於自願常常挑這道菜來吃嗎？不會！正好相反。他們對這道菜置若罔聞。

　　獎勵並沒有發揮鼓勵的預期效果，反而讓新菜餚被貶抑。一頓有飯後甜點做為獎勵的飯，反而成了壓力，適得其反。

奇怪的邏輯

　　也許透過下面丹尼爾的故事，你可以看得更清楚。他媽媽想出一些非常特別的點子：

▶　丹尼爾快三歲了，吃飯習慣卻很不好。雖然他完全可以自己進食，她卻幾乎總是餵他吃飯。他不愛吃蔬菜，但超愛吃甜食，尤其是巧克力！如果他媽媽想餵他吃青菜，他多半會閉上嘴。丹尼爾媽媽知道怎麼做會有用。她從櫃子裡拿出一根巧克力棒：「你看，寶貝，如果你把飯菜都吃

光，這根巧克力棒就是你的。不然我們就去鄰居家，把巧克力棒送給你的朋友米莉安。」丹尼爾當然不肯。於是他張開嘴巴，讓媽媽餵他吃下幾口蔬菜。

這是什麼邏輯？！隔壁的米莉安跟丹尼爾吃蔬菜一點關係都沒有，這根本是勒索。看起來有效，因為丹尼爾是吃下了一點蔬菜。但是丹尼爾吃的時候是什麼感覺？他是帶著輕蔑的態度把蔬菜吞下去的，這樣他才能拿到巧克力，而不是送給米莉安。他會想：「我現在得把這可惡的蔬菜吃下去，才能拿到巧克力。媽媽很差勁耶！我恨蔬菜！」他生媽媽的氣。以這樣的方式，他會學習到珍惜蔬菜嗎？不會。這種「獎勵」方式讓他更恨蔬菜。他必須吃一些他不喜歡的東西，才能吃到他喜歡的東西。他覺得這麼做很離譜，事實上也的確如此。

但是丹尼爾媽媽卻相信必須堅持這麼做。她的理由是：

- 「沒有飯後甜點，丹尼爾根本不吃蔬菜。」
- 「如果丹尼爾無論如何都能得到飯後甜點，那麼他就只吃甜點，其他別的都不吃。」

我們知道很多父母都是這麼認為的，而且很難放棄不用這種勒索式的「甜點」。可惜，這招「甜點絕招」無效！丹尼爾媽媽從未多花一點時間嘗試，在不施壓的情況下，讓她的兒子對蔬菜感興趣。她不相信兒子能從她供應的豐富食物中，正好選出他所需要的。但是他是做得到的，他的內在調節系統運作得很完美。也許他需要的蔬菜比他媽媽認為的少，畢竟他還滿喜歡吃蘋果和香蕉，而且他常常喝果汁；也許他要慢一點才有胃口吃蔬菜。幼兒總是對他們不認識的菜餚持保留態度，父母要有耐心繼續重複供應這些菜，用勒索來施壓只會造成反效果而已。

丹尼爾媽媽擔心她兒子可能只吃甜點，也是毫無道理的。甜食和油膩的食物（食物金字塔裡的紅燈區）本來就只能有限度供應。如果丹尼爾拒吃蔬菜的話，他就不該得到一整塊巧克力，而只應該得到他媽媽規定為飯後甜點的那一小塊而已。這一小塊巧克力是這一餐的一部分，正如那份蔬菜。

丹尼爾可以從媽媽提供的食物裡，自己挑選出他想要吃

的，而巧克力只會得到少量的供應。丹尼爾絕對可以吃到他的那一小塊巧克力，但沒有更多的了。

飯後甜點不是非得天天有，而且也不一定是甜的。如果是水果的話，你可以讓孩子自己決定份量，不管他是否吃過正餐或已經吃了多少，那不重要。雖然丹尼爾之前把紅蘿蔔留在盤子裡，但飯後得到一大塊哈密瓜，這樣算違反原則嗎？

我兒子小克不久前曾對「甜點絕招」這主題下了一個聰明的註解，他的想法是：「如果媽媽想要她的孩子喜歡紅蘿蔔，她不可以答應孩子飯後會給他巧克力布丁，這樣孩子會覺得紅蘿蔔像一味苦藥。媽媽必須逆向操作。她可以這樣對他說：『你看，如果你把巧克力布丁吃完，就可以得到這些很棒的紅蘿蔔做獎賞！』」

也許他真的說對了。我承認這招很狡猾，是讓孩子對蔬菜感興趣的絕招，但並不建議你這麼做。

更多招數

很多家長藉著出自善意的招數對孩子施壓。他們順利的從「強迫餵食」過渡到「靠絕招餵食」。非常普遍的做法是，趁飲食習慣不好的孩子睡覺時，用奶瓶灌他們牛奶或麥糊。

半睡半醒時餵

▶▶ 十五個月大的露依莎白天幾乎什麼都不吃。她不喜歡用湯匙，也常常拒用奶瓶。儘管如此，她的體重還是正常增加，正如她的成長曲線所顯示。有人建議她爸媽：「讓她夜裡喝奶，她就不會察覺！」於是他們把奶嘴剪了一個大洞，把濃濃的麥糊倒進奶瓶裡。露依莎每晚都會喝掉五大瓶，大約是1.5公升的麥糊。

這個份量絕對足夠露依莎發育成長之所需，但露依莎錯過許多事：她無法學習自己決定要吃什麼和想吃多少，因為她白天從來不餓。也因此，當全家一起吃飯時，她只能在一旁喧鬧不止。與家人共餐的社會性學習並沒有發生，露依莎學到的卻

是另一項不好的關聯：喝奶和睡覺是一起的。

夜裡喝奶，導致露依莎無法一覺到天亮，只有逐漸減少夜奶的次數，最後完全不喝，才能解決這個問題。如此一來，露依莎才能對一般的食物感興趣。

夜裡用奶瓶餵奶，可說是個不好的習慣，這方法雖然短期內可以幫助孩子入睡，但是長期卻會影響孩子一夜好眠（請參考《每個孩子都能好好睡覺》）。它是一個可以在不知不覺中把食物灌進孩子嘴裡的招數，然而代價很高，這將會阻礙孩子學習正常的、合乎年齡的與家人共食。

聲東擊西

▶▶ 兩歲的提姆有一整組玩具擺在桌上，在消防車和泰迪熊之間總是能插進一根湯匙。有時候媽媽一邊餵他，一邊唸故事書給他聽。爸爸則是試著用「直升機絕招」：在湯匙降落在提姆嘴裡之前，爸爸會先伸長手臂讓湯匙轉個幾圈，同時還用嘴唇製造轟隆隆的直升機噪音：「噗噗噗，直升

機要飛進去了！把門打開！噗噗噗！」

▶▶ 雅斯敏，八歲。她的飯菜是切成一口大小的放在盤子上，然後在電視機前面吃。「這樣一來，她根本不會注意到她吃什麼。」她媽媽說。

▶▶ 雷翁，三歲，吃飯時可以在廚房裡跑來跑去。只要他一來到父母身邊，他們就立刻試著「塞」一點食物進他嘴裡。但他們覺得雷翁從他們這兒「拿走」的愈來愈少。

份量充足

有些父母對孩子施壓的方式是給孩子裝過多的食物在盤子上，逼他們吃光。

▶▶ 十二歲史溫的媽媽就是這樣。她知道史溫肚子餓時，情緒會非常惡劣，所以她總是幫他把盤子盛得滿滿的，並且要求他全部吃光。她的理由是「如果你現在不吃飽，等一下你會很餓，而且會餓得大吼大叫。你現在也該肚子餓了吧！所以開始吃吧，全部吃完！」午餐時經常發生爭吵，

史溫對著食物咒罵，不停的翻攪盤子裡的食物，有一回他甚至朝盤子裡吐口水。母子倆都愈來愈受不了這個情況。

比較好的做法是，只盛少少的食物在盤子裡，給孩子機會說出「我還要」這句話。當盤子總是盛得太滿時，孩子會更加反感，並且抗拒。

壓力或招數都沒用

前面所描述的方法，不管是極度施壓、甜點絕招或聲東擊西，它們的一個共通點就是「通通沒用」。孩子反而會更加抗拒吃飯，他們會抵抗，不然就是反守為攻。他們發現可以用「那我就不吃」這句話來勒索父母，而且能以這個方式來決定吃飯的規則。

當父母施壓或藉助招數時，他們並沒有遵守「好好吃飯規則」，他們是在「欺騙孩子吃飯」，嘗試把食物強灌進孩子嘴裡。父母的任務應當只要挑選食物並把它端上桌，如此而已。

某些特殊情況下要遵守這條規則特別困難，但是無論如

何，還是要遵守。四歲的瑪麗亞的故事很適合說明這一點。這個故事很特別，因為瑪麗亞是個相當特別的小女孩，她很容易出現極端反應。

▶ 有一天瑪麗亞吃紅蘿蔔的時候嚴重噎到，有一大塊紅蘿蔔卡在食道裡。她很痛，一直哭，而且心跳加速、全身冒汗、嘔吐。一個星期後，她又被一塊麵包噎到。其實這次沒有那麼嚴重，可是她的反應還是一樣。從那時候開始，瑪麗亞就不肯吃固體食物，任何必須嚼碎的東西，她都不吃。

漸漸的，瑪麗亞愈來愈排斥食物，她甚至不吃任何壓碎的食物，只吃糊狀的。當爸爸週末在家時，情況更糟。爸爸無論如何都要她吃點東西，他幫她準備奶瓶，而且跟在她後面跑，她媽媽甚至連湯都為她打成糊狀。但情況愈來愈嚴重，瑪麗亞瘦了兩公斤，最後她甚至拒絕吞她自己的口水！

剛開始，大家很能理解瑪麗亞吃東西會有問題。但是父母愈是努力督促她吃東西，情況就愈糟糕。當情況已經糟到不能再糟時，她媽媽想到一個救命的主意，瑪麗亞每一餐都必須一

起坐在餐桌邊。每餐都有一般的菜色，也都有一碗打成糊狀的湯。當瑪麗亞開始哭說：「我什麼都吃不下」時，她媽媽就很慈愛卻堅定的回答：「桌上有你可以吃的東西呀！」

　　瑪麗亞的媽媽不再施加任何壓力，連續好幾週都是如此。瑪麗亞先是在親戚朋友家重新開始吃起固體食物，漸漸的也開始在家裡這麼做，現在，她又什麼都吃了。這件事已成為過去。瑪麗亞很快又補回失去的體重，甚至還胖了一些呢！

壓力對小寶寶也無效

　　如果你對施壓無效論仍然質疑的話，請再看看下面這個實驗。彼得・瑞特（Peter Wright）在一九八〇年對嬰兒與母親進行了一項科學研究。他將「受試寶寶」分成兩組：一組喝母奶，另一組喝配方奶粉。兩組當中都有出生時體重特別輕及體重正常的寶寶。

　　瑞特發現，所有接受母親哺乳的寶寶，體重增加得都一樣好，不管他們出生時體重太輕或是正常。「配方奶粉寶寶」那

一組，結果就不一樣了，那些出生時特別瘦小的寶寶經常會被他們的媽媽積極餵食。即使寶寶把頭轉開，奶瓶吸嘴還是被硬塞進嘴裡，而且媽媽愈是積極，寶寶就喝得愈少。

換句話說，寶寶瘦弱且體重輕盈的媽媽很擔心小孩「太瘦」。她們要設法幫助孩子發育得更好，於是對孩子施加壓力。哺乳的就沒辦法這麼做，因為媽媽就算想要施壓也做不到。用奶瓶餵食的反而有可能這麼做，但是沒有用，孩子會抗拒且喝得更少。

有瘦弱或早產寶寶的媽媽很容易在餵食配方奶時行為過當、施加壓力，這點我們可以理解，但這麼做是沒用的。體重太輕和早產的寶寶也能自己調節需要。

為什麼父母管太多

哺乳會產生正面的效果，正是因為哺乳是無法施加壓力的，這一點跟我們第一章所介紹的研究相符。研究顯示：幾乎所有的媽媽在前六到七個月內都很滿意孩子的飲食行為，而這

些寶寶幾乎全都還在喝母奶。

　　但是當孩子大一點時，許多父母便改變了想法，突然緊張起來：「我的孩子吃太少！我的孩子太瘦！」愈來愈多父母在孩子兩歲以後這麼說，四到五歲兒童的家長中更有二成都會如此斷言！你現在知道，這其實都是錯誤的假設。

　　這些家長很容易行為過當且施加壓力給小孩，大部分的人也都確實如此。怎麼會有這麼多父母誤以為他們的孩子吃得不夠呢？可能有各種不同的原因。

喝湯的卡斯柏

　　一八四五年首度出版的《蓬頭散髮人》（Struwwelpeter，為 Heinrich Hoffmann 所創作的德國經典童書，以一連串的寓言故事教導孩子正確的生活習慣。）書裡有一段情節是描述一個雙頰紅潤的健康男孩突然不想再吃。我在這裡節錄幾句：

▶▶　「卡斯柏是個健康的胖小子，有著圓呼呼的身體、紅通通的
　　臉頰，乖乖的坐在桌邊喝湯。有一回他開始大叫：『我不

要喝湯！我不要！我不要喝我的湯！我不喝！我不喝我的湯！』」

原本「圓呼呼」的胖小子日漸消瘦，最後瘦得「像一根線」，到第五天就死掉了。

從前也有人唸過〈喝湯的卡斯柏〉這個故事給你聽嗎？你相信這個故事嗎？這種故事八成至今還縈繞在德國父母的腦海裡，所以才有這麼多年輕父母始終擔心他們的孩子可能吃得不夠。

我無法想像卡斯柏竟然有這麼大的影響力。或許可能正好相反，在〈喝湯的卡斯柏〉這個故事裡，它把關於吃飯的偏見和恐懼推向了極端，而且這些偏見是幾代以來的父母一直都在遵循的。然而從來沒有像今天錯得這麼離譜過！

患有重病（對青少年來說，厭食症也算重病），可能是持續不吃東西的原因。父母必須找出原因並加以治療，施壓和強迫是沒有幫助的。記住，「因為抗拒食物」而餓死是不可能的。

怕自己的孩子餓死似乎是人類一種原始的恐懼。只要回想

一下幾個世代以前的人，在貧窮和難以取得食物的年代，這種恐懼是有根據且合理的，它使父母竭盡所能供應幼兒足夠的食物。可是時至今日，這種恐懼不再有助益也沒有必要，反而只是阻礙。

你知道嗎？

之所以會有「我的孩子吃太少」這類如此普遍的錯誤假設的另一原因是：父母通常不了解孩子的身體在不同時期發育的所有細節。他們觀察到孩子吃得很少，於是開始無謂的擔心。請先試著回答下列問題：

- 嬰兒在第一年裡，每月增加的體重是其體重的百分之幾？
- 幼兒滿兩歲起，每月增加的體重是其體重的百分之幾？

答案：嬰兒在第一年裡，每月所增加的體重約為其體重的10%；從兩歲起就只有1%，想不到吧。你現在有覺得雖然孩子長大，食慾卻變小的情形比較合乎邏輯了嗎？很多父母都沒想到這個關聯。

你大可放心遺忘的偏見和恐懼

偏見和恐懼

「健康的孩子是『圓呼呼的』，
而且有紅潤的雙頰。」

讓人安心的「我訊息」

我認為瘦小白晳的孩子也同樣
可以很健康。

「不吃飯的孩子就是不乖，而
且遲早會受到懲罰。」

我知道吃不吃飯跟飢餓和飽足
有關。為了吃不吃飯而懲罰或
獎勵孩子，是沒有意義的。

「如果孩子不肯吃飯，在短短
幾天內就會餓死。」

我覺得孩子一直沒有進食還是
能支撐很多天，例如生病時，
之後他們很快就會胖回來。

「抗拒食物的孩子會餓死。」

我相信一個健康、得到足夠食
物的孩子是不會餓死的。

體脂肪減少，飢餓減少

　　圖 2-1 顯示：從滿一歲開始，孩子體內的體脂肪會變得愈來愈少，嬰兒肥漸漸消失，孩子會愈來愈瘦。約到六歲時達到體脂肪的谷底，隨後體脂肪會再度上揚，女孩比男孩明顯。

　　父母應該好好想想這項關聯，當嬰兒體重增加時，增加的主

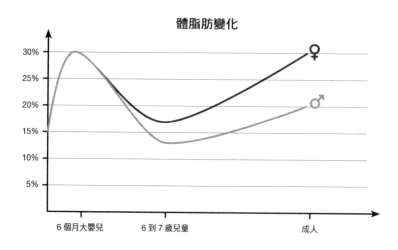

圖 2-1：「嬰兒肥」愈來愈少，到六至七歲時降到谷底。

要是脂肪。嬰兒在出生的頭幾個月裡，體內的體脂肪會加倍。為此，孩子的身體組織需要很多能量，也就是很多卡路里。

反之，當幼兒園孩童體重增加，他增加的不是脂肪，而是肌肉。增加肌肉需要的能量就少很多了，所以一樣要增加體重，幼兒園孩童所需要的卡路里卻比嬰兒要少很多。

若要增加同樣的重量，
四歲的孩子需要的卡路里只有嬰兒的一半。

相信孩子的內在聲音

不光是知識的匱乏造成父母對孩子施壓進食，很多父母根據自身過去的經驗也不敢相信，幼兒能夠自己完美的操控營養攝取，還有他們的內在聲音能運作得那麼好。不要掩蓋這個內在聲音，而是要不斷持續相信孩子有這份神奇的能力，這是教育孩子好好吃飯的最佳方式。

重點整理

☑ 壓力有害無益

當父母想要左右孩子吃多少時，就是管太多。他們施加壓力，但卻徒勞無功。壓力和強迫只會造成孩子緊張，而且永遠得不到什麼好結果。

☑ 扣住食物是一種壓力！

「你不准吃，因為你太胖。」身為父母說這句話也是在施壓。孩子被扣住食物，也因此覺得受到虐待，於是他更會有事沒事就想吃。

☑ 強迫吃飯也是！

「你一定要再多吃點，太瘦了！」這也是一種壓力。家長常以強迫、獎勵或耍花招來強迫孩子進食，反而導致孩子對食物反感。他會更常抗拒食物，最糟糕的是，完全失去食慾。

當父母管太少時

決定端什麼菜上桌、規定何時吃飯及用餐有哪些規矩，是身為父母的職責。如果你將這部分或全部的職責留給孩子，那就是你做得太少了。要孩子做這些決定是對孩子的苛求，孩子的自我調節、他的內在聲音全都派不上用場！規律的節奏、良好的用餐規矩，還有彼此互相體諒與關於健康飲食的知識，這些都必須由父母傳授給孩子。特別是當父母擔心孩子吃得不夠時，做父母的就會時常讓步，並且任由孩子做決定。

「聽命」煮飯

當父母「聽命」煮飯，就是讓孩子決定什麼菜上桌。

▶▶ 五歲大的譚雅活脫脫就像個小公主。她有一雙湛藍的眼珠和長長的卷髮，每個人看見她都十分稱讚。週末有客人來訪時，她上演了下面這齣戲：午餐時，特別為孩子準備的有烤雞配薯條和蔬菜。譚雅坐在桌邊，看著煮好的食物，噘著嘴

生氣：「我通通不喜歡！」她媽媽立刻站起來說：「你想吃什麼，小寶貝？」「我要吃義大利麵！」譚雅媽媽立刻擱下自己的食物不管，替她的小寶貝煮起義大利麵。

好戲還沒結束；當義大利麵放在譚雅的盤子上時，譚雅繼續哭鬧：「上面沒有奶油！我不喜歡沒有奶油的！」「沒問題，小寶貝，媽咪給你奶油。」譚雅媽媽趕緊站起來，放了一些奶油在義大利麵上。這時譚雅開始吃麵，就只吃了一根，又開始抱怨：「你放太多奶油在上面了。這樣吃起來很噁心，我要吃別的！」

這時譚雅媽媽沒有再「聽命」去煮另一道菜，而是從櫃子拿出甜食，好讓她的「小寶貝」多少吃點東西。

這種戲碼經常在譚雅和她媽媽之間上演。當譚雅不喜歡媽媽提供的食物時，她就嚓起嘴，然後就會得到其他的東西。譚雅學到一件事：餐桌邊不只吃飯，也講權力，她來決定應該煮什麼。她嚓嘴、她要求，就會得到「額外的好處」和甜食。

譚雅的行為真是太離譜了，然而通常她媽媽都配合這種把

戲。要是譚雅的媽媽偶爾堅持不願意給譚雅其他食物，譚雅便使出她的殺手鐧：「那我就什麼都不吃！」這招永遠有效，媽媽立刻投降，因為「孩子總得吃點什麼嘛！」

你想吃什麼？

▶ 對七歲的雅妮和她媽媽來說，吃飯時間也幾乎等於緊張時間。雅妮媽媽也是「聽命」煮飯的，不過她不像譚雅媽媽那樣一道接一道的煮上好幾道菜，而是接受「點菜」。雅妮在早上上學之前，她媽媽會問：「今天午餐我該煮什麼呢？」雅妮可以隨意挑選，或是她媽媽建議各種不同的菜，然後由雅妮來選。

當雅妮放學回來時，她想吃的食物已經熱騰騰的擺在桌上。儘管如此，吃飯時間還是常常很緊張，雅妮大部分都吃很少。她常說：「我又不喜歡吃這個。」雅妮媽媽雖然不會再為雅妮煮其他的食物，但她每次都很生氣：「怎麼，我還特別問過你！是你說要吃馬鈴薯泥的！現在怎麼可以又說不喜歡吃馬

鈴薯泥呢？」雅妮必須把食物吃光，才准起身離開餐桌。

雅妮媽媽每天都問她女兒：「你想吃什麼？」然而她沒有意識到，她因此讓雅妮處在壓力之下。雅妮無法自由決定是否要吃媽媽所供應的食物。一個「聽命」點菜的孩子已經失去拒絕的自由。如果孩子一直拒吃，媽媽當然會感到受騙和受委屈，也因此會每天一再生氣動怒。

雅妮媽媽應該少問一點，而由自己決定端什麼菜上桌。雅妮媽媽也應該讓雅妮自己去感覺什麼最好吃，以此來引導她做決定。

當雅妮拒絕桌上的菜餚時，媽媽不需要覺得委屈難受，她可以盡情享受自己的食物：「真幸運！今天這道菜，我覺得特別好吃！我可要好好享用一番！」

永遠都是一樣的

父母管得太少，由孩子來決定讓什麼菜上桌還有另一種下場，還記得那個每天除了八杯優格，什麼都不吃的小男生嗎？

他的父母雖然沒有聽命「煮」各種不同的菜，但是他們正好把他「點」的那一道放在他面前，把水果優格當成唯一的食物，而優格不只高脂且高糖，所以那個小男生才會那麼胖。

有的父母會投孩子所好，供應奶油煎餅和薯條。這樣一來，孩子就不會擴大他們的食物喜好。

當父母管太少，又讓自己受到這句有魔力的「那我什麼都不吃」的話宰割，而總是端孩子「點」的菜上桌時，有些孩子就會發展出奇特的飲食偏好。

▶▶　三歲的菲利普已經上幼兒園，但是他主要都是靠奶瓶來攝取營養。他早晚各喝半公升的燕麥糊，另外，他只吃某種特定的鬆脆麵包，幼兒園裡的午餐他幾乎完全拒吃。

▶▶　兩歲大的菲利克斯從六個月大起，完全用奶瓶喝流質的穀物粥來攝取營養，一天要喝八到九瓶。有時候他吃晚餐得要花上三小時，因為他要連續喝上四瓶。

菲利克斯和菲利普兩人儘管飲食習慣很奇特，但依然健康且體重增加得很均衡。他們的內在調節系統運作得很好，而且

幸好他們的父母供應的食物養分符合食物金字塔，包含有很多穀物。雖然如此，吃飯這件事對父母和孩子都還是很大的負擔。父母應該多管一點才對，不該只端孩子要吃的食物上桌，要供應什麼應該由父母來決定！父母也應該決定，哪個年齡還使用奶瓶攝取營養是不恰當行為。

毫無節制的飲食

如果吃飯時既無規矩也無禮儀，餐桌就會變戰場。如果允許孩子決定吃飯時間和吃飯規矩的話，結果會如何？

時間

如果讓孩子來決定吃飯時間或吃飯規矩，後果會很令人討厭——有的孩子總是嘴裡含著一奶瓶的茶或果汁跑來跑去；很多孩子夜裡還要喝點奶和吃點東西；有些孩子手裡總是拿著一

些吃的；有些孩子吃飯時從來不餓，因為他們成天都討得到東西吃，而且吞下了很多甜食；有些媽媽背著一整袋裝滿食物的保鮮盒到兒童遊戲區。

如果父母在固定時間供應三餐，再額外加上一到兩次點心，而且要坐在餐桌邊才給的話，這一切都能迅速解決。每次聽到孩子苦苦哀求食物時，請給他明確的答案，像是：「再等一下，馬上吃午飯了。」

吃飯時間愈規律，兩餐之間肚子餓時就不會那麼緊張。孩子也就愈能學習在吃飯時間好好吃飯，因為他在兩餐之間將得不到任何東西吃，夜裡也不會有！

方式

如果由孩子而非父母來決定吃飯的規矩，會產生什麼後果？除了緊張，還是緊張！很多孩子就是不坐在他們的位置上：有的在椅子上跳來跳去；很多小孩隨便拿點什麼，然後在電視機前吃完；或者在玩具之間吃，然後把吃剩的食物留在那

裡。有些孩子一邊挑剔食物一邊罵：「好噁！」於是又叫又罵，還把食物弄得到處都是。孩子還會下命令：「媽媽，去幫我拿鹽巴！」或是「去給我煮點別的！」

有禮貌又和善的對待彼此，關心別人，互相等待，好好使用刀叉，幫忙整理餐桌，對很多家長來說好像是天方夜譚。這實在很可惜，因為和家人共餐是多麼寶貴的學習機會呀！大部分的社會學習都是在餐桌邊進行的，千萬別坐失良機！

父母必須設定界線。可惜吃飯時間是個特別熱門的親子角力戰場。如何避免角力，並且貫徹執行行為規矩，在《每個孩子都能學好規矩》書中有更詳盡的敘述。

太多或太少？

有時幾乎無法區別在吃飯這件事上，父母到底是管太多還是管太少。然而不管是太多或太少，緊張是難免的。當父母對孩子施壓，好讓孩子吃飯，就是管太多。用玩具或電視來轉移注意的招數都算其中一種。

當父母讓孩子決定吃飯規矩時，就是管太少。結果是，孩子只有在手上有玩具、有書，或者只有在看電視時才吃飯。

以身作則

做孩子的榜樣當然也很重要，如果孩子應該吃「健康」的穀物麥片，而你卻是叼著一根菸，端著咖啡坐在一旁，這樣就不太有說服力了。我碰過因為孩子食量很少而非常擔心的媽媽，但他們卻很少或從來不和孩子一起吃飯，有些媽媽的理由是：「我的食量也不大。」、「一天吃一餐，對我來說就夠了。」、「光看到食物，我就已經發胖了。」

「旅館媽媽」

最近有對夫妻滿臉苦笑著向我描述，他們家那兩個三歲和五歲的兒子通常是怎麼吃晚飯的。

▶ 爸爸晚上六點回到家時已經很餓了。太太會立刻把他午餐的那一份加熱給他吃，因為他肚子餓時心情很差。於是他坐在

廚房裡，打算好好吃點東西。但是提姆和賽巴斯提安也肚子餓了。他們一個在左，一個在右的，「掛」在爸爸的盤子兩邊，又是哀求又是偷吃的。爸爸開罵也阻止不了他們。在爸爸吃飯的同時，媽媽急忙為兩個小男生準備晚餐。

媽媽的緊張還沒完。爸爸這時吃完飯了，正舒服的坐在客廳的電視機前面。兩個小男生坐在餐桌邊，媽媽跑來跑去的「聽命服務」，所以沒辦法好好一起坐下吃飯。兩個孩子開始吵鬧，因為他們要去爸爸那裡，他們也要看電視。一會兒後，他們拿著剩下的晚餐跑到客廳去了。

媽媽開始罵人，她一邊自顧自的繼續罵，一邊收拾廚房。她很生氣，她先生都不幫忙。（在諮商時，他非常嚴肅的請求我說：「我應該幫她收拾廚房嗎？請您讓她別再有這種想法！」）然後她送孩子上床睡覺。接著，她又迅速為自己做晚餐，而且是在電視機前面吃！

這對父母在角色分配與晚餐的進行方式上必須有所改變，才能改善兩個兒子的行為。我們共同找出下列的解決之道：即

刻起，不在電視機前吃飯，所有人都一起坐在餐桌邊吃飯。肚子餓的爸爸必須稍加忍耐，等到全部都準備好才行。如果他覺得等太久，可以動手幫忙準備晚餐。

媽媽中午時多煮一點，預留一些給孩子，這樣他們就不必偷吃爸爸的那份。另外再擺上麵包、奶油、乳酪和香腸。媽媽不再「聽命」準備晚餐，而是每個人各取所需。如果晚餐進行得很平順，就准許提姆和賽巴斯提安看半小時電視。要是他們吃飯時太吵鬧或吵架，就不准看電視。

誰來收拾晚餐的餐桌呢？我的建議是，提姆和賽巴斯提安絕對可以幫忙。有個「大」榜樣帶著做的話，當然更好！

重點整理

☑ 孩子需要界線，吃飯時也要

如果父母讓孩子決定哪些菜餚上桌、何時吃飯和如何
吃飯的話，父母就是管得太少。

☑ 別讓孩子指揮

孩子不良的飲食習慣與惡劣的用餐行為，都是父母管
太少的後果。

☑ 請以身作則！

全家一起好好坐在餐桌邊，帶著享受的愉悅心情共
餐。陪孩子吃飯，跟孩子聊天，這樣你就是孩子學習
用餐的好榜樣。

CHAPTER 3

每個年紀都好好吃飯

本章你將讀到

零到六個月嬰兒，

哺育母乳和配方奶的重點為何？

六到十二個月的孩子，

如何過渡到三餐與家人共餐？

哪些飲食與規則對學齡前幼童有好處？

哪些吃飯規矩對學齡兒童很重要？

前六個月：

全靠吸吮

讀到這裡，你已經深入了解我們的「規則」：孩子決定他是否要吃，以及想吃多少？父母決定供應什麼食物，並決定何時與如何供應，以及孩子吃飯時應該遵守的規矩。這些事當然得依孩子的年齡而定，真要比的話，在嬰兒時期這些都還算滿單純的。

小嬰兒吃什麼？

母乳是世上最好的食物，但如果你無法哺乳，孩子同樣可以從奶瓶喝到類似母奶的配方奶。

母乳

如果寶寶出生後五、六個月內得到完全哺乳，那你供應給寶寶的養分很理想，不需要提供額外的水或果汁，也不需要其他任何食品。

過去二十年來親自哺餵母乳的人數持續攀升，但只有少數的媽媽能完全哺乳長達半年，而且不另外餵食任何食品。母乳的優點不容爭辯，而且值得一再強調。

對孩子的好處：

　　母乳會完美的針對寶寶的個人需求來自動調整供給量和成分，它優於所有的嬰兒食品。

- 母乳之所以這麼獨特是因為在哺乳期間，母乳每一天每一刻的成分都有所變化，以因應寶寶發育期間各種不同需求。

- 母乳的優點是比較好消化，它可以促進腸黏膜發育成熟，幫助小孩比較不易過敏。

- 母乳含有抗體，可以讓腹瀉較少發生，並減緩發生時的嚴重性。

- 母奶寶寶很少感染腦膜炎、中耳炎和支氣管炎之類的疾病。美國有項研究顯示，在初生兒第一年的死亡率中，母奶寶寶的小孩比非母奶寶寶低了 21%！

- 最新的研究建議，哺乳可以降低罹患多種疾病的機率，像是嬰兒猝死、癌症、糖尿病及肥胖症。
- 全母奶寶寶很少對食物過敏、罹患氣喘和皮膚病。

但是請你可別因此作出反論，因為沒有母親該為孩子的慢性病「負責」，特別是那些因為**外在因素無法哺乳的母親**。

慢性病有很多病因，喝母奶長大的小孩一樣會腹瀉、咳嗽，得到支氣管炎、氣喘或過敏。只是發生在他們身上的機率較少，病情的發展也比較輕微。

對媽媽的好處：

不只是孩子，媽媽也能從哺乳中獲益。

- 如果孩子在出生後不久就開始吸食母乳，母體會釋放出較多的子宮收縮素荷爾蒙，子宮會收縮得比較快，產後出血也會較早結束。
- 哺乳的媽媽在分娩後較快恢復到原來的體重。
- 媽媽晚年較少發生乳癌和卵巢癌。

- 媽媽晚年發生骨折的機率較低。
- 母奶媽媽可以更舒服、也更衛生的哺育孩子，而且還可以省下不少奶粉錢。

嬰兒奶粉

　　大多數的婦女都能哺乳，大部分也都願意這麼做，不過可不是每位媽媽都這麼順利。不能餵母乳是很可惜，但不是什麼不幸。哺乳是有很多的優點，但不該變成一種意識型態。喝配方奶粉的寶寶也可以發育得很好，也可以產生非常親密的母子關係。絕對不要輕信任何人的話，為自己無法餵母奶一事感到內疚。

初生嬰兒奶粉

　　如果你無法哺乳，你能夠供應的最佳營養就是初生嬰兒奶粉。它是以牛奶為原料，製造的成分要儘量和母乳相似，這是有法令依據的。

我們強烈建議不要以牛奶和其他配料來自行調配嬰兒食品！在寶寶剛出生的頭幾個月，這樣做是不安全的。在德國，初生嬰兒食品幾乎完全是以奶粉的形式供應，只需加入指定的水量即可。你可以使用煮沸的開水，或者選用貼有「適用於調製初生嬰兒奶粉」字樣的礦泉水。

從寶寶出生的第一天起，就可以給他喝初生嬰兒奶粉。前四到六個月內的寶寶不需要任何其他食品。初生嬰兒奶粉分含澱粉或不含澱粉兩種，不含澱粉的會像母奶那樣，比較稀；含澱粉的比較濃。如果你准許小嬰兒自己決定他要喝多少，就不會過度餵食。還有，請不要另外添加麥粉或糖。

較大嬰兒奶粉

雖然配方奶粉的品牌多得令人眼花撩亂，但其實就只有兩類，一種是前面所說的初生嬰兒奶粉，第二種就是較大嬰兒奶粉。最早可以從寶寶五個月大開始使用較大嬰兒奶粉。

較大嬰兒奶粉的成分跟母奶只有些許相似，跟初生嬰兒奶

粉相比，它比較容易增加嬰兒在新陳代謝方面的負擔，不過不管怎麼說，它都比一般牛奶好消化。

還有嗎？

如果擔心孩子患有嚴重過敏與異位性皮膚炎，偏偏媽媽又無法哺乳（在這情況下特別可惜），小兒科醫師可能會建議媽媽採用一種較昂貴的特殊配方奶粉。

這種特殊奶粉即市面上所稱的「水解蛋白奶粉」，它把牛奶蛋白分解成最小的蛋白分子，如此一來，孩子對牛奶蛋白過敏的風險就幾乎可以完全排除。

此外，沒有必要使用所謂的「減敏奶粉」，到目前為止，還沒有確實的證據證明它有減緩過敏的效果。豆漿也不適合做為嬰兒食品，因為很多過敏兒也會對豆漿出現過敏反應。

含氟維生素 D

如果寶寶是喝初生嬰兒奶粉，並不需要補充額外的食物，

不用另外給他喝茶、果汁或紅蘿蔔汁。

　　唯一建議添加的補充劑是——加入氟一起合成的維生素 D
錠，又稱氟錠。維生素 D 讓骨骼強健，氟可以保護牙齒。不管
是不是喝母奶，含氟維生素 D 錠對小孩都很重要。

　　規律補充氟錠對預防孩子蛀牙特別有效，很可能省下他這
輩子三分之二的牙醫費，並減少他因蛀牙引起的牙痛。

何時與如何餵寶寶？

如果你餵母乳

　　幾乎所有婦女都能哺乳，只是需要幫助，在選擇生產醫院
時請詢問醫院是否提供哺乳方面的協助，或者是否有世界衛生組
織所授與的「母嬰親善醫院」（Baby Friendly Hospital）標誌（台
灣相關醫院名單請到國民健康署網站下載，http://www.hpa.gov.
tw/）。

請你在生產前多了解哺乳的資訊，生產後會有專業的護理人員指導你正確的哺乳姿勢、實用的訣竅，並在你碰到哺乳問題時提供協助，觀察嬰兒是否發育良好。

尋求媽媽輩的建議反而不見得是個好主意，因為今日為人祖母者大多根本沒有哺乳經驗，而且她們常常是站在反對哺乳的那一邊。

哺乳的重點

- 哺乳最好在產後一小時內就開始。

- 「母嬰同室」，哺乳最容易成功。此外，母親的身體是新生兒最佳的熱源。

- 即使你稍晚才能開始哺乳（例如剖腹產），乳汁還是會開始分泌。

- 不要另外給孩子其他食物，例如：葡萄糖水或合成奶粉。

- 在孩子出生頭幾週內，只有哺乳順利時，才給孩子奶嘴。

- 頭幾週內，每天都要把寶寶靠在你胸前八到十二次。不要

常見的哺乳問題與解決辦法

乳汁分泌不順？乳房很硬、很脹？你的乳腺阻塞了：
- 讓孩子更常吸吮，這可以刺激乳汁分泌、減輕乳房的脹痛感。熱敷也會有幫助。

乳頭受傷：
- 寶寶應該要把整個乳頭含進嘴裡。乳頭受傷時，要讓乳頭風乾，如果還是沒辦法，應請求專業協助。這樣受傷的表皮大多能痊癒。

乳房發炎，連帶有發燒感冒的感覺：
- 如果一般的措施，如多哺乳幾次和熱敷都無效，請儘速就醫。乳房發炎可以用藥物治療，而且幾乎都可以繼續哺乳。

等寶寶餓到哭！在那之前，他就會露出肚子餓的跡象，他會咂嘴出聲並嘟起嘴巴找乳頭。在前二到三週，如果寶寶超過四小時沒有要喝奶，你應該搖醒他餵奶。

- 哺乳時，讓寶寶想吸吮多久就吸吮多久，每次兩邊都要吸。

有關哺乳的偏見和事實

偏見	事實
哺乳者不會懷孕。	只有當嬰兒未滿六個月，每天按時哺乳且月事尚未再度開始者。
乳房大的乳汁比較多。	乳房大小與泌乳量無關。
哺乳會讓乳房變醜。	母親的年齡、體重對乳房形狀的影響，遠比哺乳大。哺乳結束後，乳房通常會再回復原來的形狀。
哺乳時性慾會不正常。	錯！哺乳時母體會釋放子宮收縮激素，跟性高潮時一樣。
三個月大的寶寶光喝母乳不會飽。	嬰兒出生頭五到六個月，母乳是寶寶最理想的養分，不需要額外餵食。
小孩應該在滿一歲前斷奶。	錯！斷奶完全是母親和小孩個人的決定。

- 供需會自行調節，但你要有點耐心，有時要花上好幾星期，一切才會上軌道。

偏見和事實

如果新手媽媽自己感覺很踏實，並得到充分的資訊，哺乳就會進行得特別好。她們很可能必須與身邊親友的偏見和無知爭辯，而且即使已盡全力解釋，有些偏見依然固若金湯。以下是偏見和事實的對照。

如果寶寶喝配方奶

嬰兒若是部分或完全喝配方奶時，請注意以下幾點：

- 請挑選適當的初生嬰兒奶粉。為求安全起見，最好詢問你的小兒科醫師。
- 讓嬰兒配方奶保持在室溫，不要整瓶放進微波爐加熱，否則配方奶會比奶瓶摸起來燙，而且往往不是均勻加熱。
- 挑選一個適當的奶瓶吸嘴，讓嬰兒試試看哪一種可以吸得

最好。

- 奶瓶吸嘴的洞不可以太大。嬰兒必須能主動積極的吸吮，這一點很重要。

- 永遠別讓嬰兒獨自喝奶，以確保他不會嗆到。絕對不可以讓嬰兒在半睡半醒之間或睡著時，還長時間吸著奶瓶，這樣會有蛀牙的危險！寧可給他奶嘴一直吸著。

- 每一餐都給嬰兒準備新鮮現沖的奶粉，沒喝完就倒掉。

- 奶粉有一個優點：讓做爸爸的也可以參與餵奶的工作。這不只能減輕媽媽的負擔，也可以加強父子的親密關係。

媽媽和寶寶各司其職

不管小孩是直接喝母乳或瓶餵，我們的規則從出生的第一天起就適用：父母挑選出給孩子吃的食物，並決定何時吃和如何吃。孩子決定是否要吃，以及吃多少。

從右頁的表格中可以看到，在出生頭幾週內媽媽和孩子應如何「分工合作」。

哺乳或瓶餵時，媽媽和寶寶的工作

媽媽的工作	寶寶的工作
提供母乳或泡奶給孩子。	吸、吸、再吸。吸吮這個反射動作是天生的。
以奶瓶吸嘴或乳頭輕輕碰觸孩子的臉頰。	寶寶會去尋找並找到奶瓶吸嘴或乳頭。
看孩子何時肚子餓，只要一餓就餵他喝奶。初生嬰兒二十四小時內會有八到十二次肚子餓，剛開始日夜都會餓。如果嬰兒自己沒有要求喝奶，你應該在進食的四小時後，再餵他吃點東西。	寶寶會讓你看得出他肚子餓：他會顯得特別清醒，動來動去，轉動他的小腦袋尋尋覓覓，而且嘴巴會做出吸吮的動作，最後放聲大哭。
仔細觀察孩子是否吸吮得很有力、很迅速，或者是慢慢的吸。	寶寶決定速度。
看孩子何時吃飽。不確定時，休息後再給他喝喝看。	寶寶決定奶量。當他吃飽時，會放掉吸嘴或乳頭，並且將頭轉開。
平穩的抱住孩子，避免不必要的搖晃，也不要為了讓他打飽嗝而持續將他舉高。	
平凝視著寶寶微笑，並且和他說說話，語調不要太誇張，而是很溫柔平靜的說。	

好好吃飯規則從孩子出生的第一天起就適用。

　　媽媽的工作只在於正確解讀寶寶發出的訊息。你擔心自己一開始做不到嗎？

　　確實有些訊息是透過嘗試和錯誤而學習到的，但是大部分訊息是不需要學習的，你就是知道。

寶寶有與生俱來的吸吮反射動作，
而你有著與生俱來的「母性直覺」，
那是你可以信賴的內在聲音。

　　與寶寶之間的親密關係是讓寶寶感受到你了解他的最佳基礎，而吃飯時間是體會與享受彼此了解與互信的最佳良機。

　　有一幕我永遠不會忘記，那是我生老大時記憶特別深刻的一幕：小克當時好小好小，這個才剛出生沒幾天大的小嬰兒，出生後常感到不安又愛哭。

我讓他躺在我的臂彎裡，非常放鬆的緩緩吸著母奶。他剛開始時還半瞇著眼，接著第一次目不轉睛望著我。那目光直觸我心，我幸福得幾乎要落淚。

每位媽媽都有這種幸福的時刻，它給人安全感和自信。而你可以善加利用這時刻來了解孩子所發出的訊息，並做出正確反應。

頭幾個月可能發生的問題

與寶寶的關係愈好，就愈能正確接收到寶寶的訊息，看出他的需求。儘管如此，仍可能發生一些餵食問題，以下是常見的問題。

喝奶和睡覺

在出生頭幾週，依寶寶的身體需求來哺乳是最理想的，之後你就可以固定、調整出最適合彼此需求的進食節奏與睡眠時間。

解決餵奶的問題

吐奶：部分奶水從胃逆流回食道

● 如果他每天至少換六片尿布，而且體重也正常增加，吐奶就沒關係。
每次餵完奶後，請把寶寶直立幾分鐘。

嘔吐：把胃裡的食物一股腦的全吐出來

● 請教你的小兒科醫師，有可能是幽門痙攣。

軟便：

● 如果是喝母乳，寶寶排便絕對可能稀稀的。有其他徵兆出現時，再
找醫師就行了。如果寶寶真的腹瀉，很容易脫水

排便很硬：

● 有些喝母奶的嬰兒是隔幾天才排便一次，不需要擔心。當寶寶排便
很硬又會痛時，再去請教小兒科醫師。

寶寶「腸絞痛」：他哭鬧、抽筋、好像是肚子痛，根本無法安撫他

● 沒有人知道「腸絞痛」真正的原因。寶寶三、四個月大時，這個問
題多半會自行消失。如果媽媽調整她個人的飲食，例如放棄喝牛
奶，對喝母奶的寶寶幫助其實不大。溫柔安撫還比較有效，像是和
寶寶講話、把他抱在懷裡搖，但動作不要劇烈，那只會讓嬰兒更不
安，而且毫無助益。

固定的晚餐

「只要寶寶餓就餵他」這條規則在出生頭幾週可以允許破例。你可以每天有一次想餵就餵，而且還可以破例叫醒他——固定在睡前餵一次晚餐。也就是在你自己睡覺之前，再餵寶寶一次，但前提是必須離上次喝奶至少半小時以上。

出生頭幾週的寶寶如果夜裡啼哭，永遠都是肚子餓了。如果在你自己睡著前讓他吃飽了，接下來好幾個小時，你就可以好好休息。如果運氣好，夜裡只要再起來餵一次奶就可以了。這不只對你有好處，對寶寶也很好。充分休息的媽媽會比筋疲力竭的媽媽，能給孩子更好、更無微不至的照顧。

不過這頓晚一點的睡前晚餐並不適用於所有的孩子，更不能強迫。有些孩子實在太睏。

醒著抱上床

寶寶偶爾會喝奶喝到睡著了，看著他在自己臂彎裡，一邊喝奶一邊安靜入睡，是很美妙的一件事。

但這裡有個麻煩：很多寶寶會因此習慣一邊喝奶一邊入睡的感覺。總有一天，他們養成了只有吃奶才睡得著。有些寶寶只要乳頭或奶瓶一從嘴巴抽出來，無論你多小心，都會立刻醒過來。他們會立刻開始哭鬧，而且一定要繼續吸。這通常跟肚子餓無關，對他們而言，吸奶跟睡覺是不可分的，沒有吸奶就感覺睡得「不對勁」。

　　所以在頭幾週請確實做到，偶爾在寶寶醒著時抱他上床，好讓他能學習不靠外力幫助就入睡。當他三到六個月大時，應該儘量把喝奶和睡覺分開。如果小孩白天和晚上可以不喝奶入睡，而且完全不靠你的幫助就能獨自入睡，這對你的睡眠品質會有很正面的影響。

　　一個白天和傍晚都能自己入睡的寶寶，夜裡也可以辦得到。只有當他真的肚子餓，或者真有什麼不對勁，他才會發出聲音醒來。反之，一個認為喝奶和睡覺屬於同一件事的寶寶，夜裡會醒來並哭到喝到奶才會再度入睡。不管是肚子餓或是習慣，都跟孩子的年紀有關：在頭幾週裡，寶寶每夜還會肚子餓

好幾次；三個月大時就可以一次睡上好幾個小時不用喝奶；到了六個月大時，孩子夜裡根本不需要再喝奶。要是他還常常夜裡醒來要喝奶，那麼可以相當確定，寶寶的睡眠習慣不良。

如何改變孩子不良的睡眠習慣或從一開始就避免，在我們另一本著作《每個孩子都能好好睡覺》中有詳盡的描述。

重點整理

☑ **除了母乳，其他都不必**

前五、六個月內，寶寶只需要母乳，哺乳能帶給母親
與孩子許多好處。

☑ **母乳之外的選擇**

寶寶可以用奶瓶喝沖泡的初生嬰兒奶粉。

☑ **添加氟的維生素 D**

寶寶需要額外補充含氟的維生素 D 錠。

☑ **以愛餵食**

對孩子的愛，能幫助你正確解讀他的訊息，並且按照
孩子的需求餵食。

六到十二個月：
過渡到與家人共餐

可以餵副食品了嗎？

六○年代時，儘早餵副食品還是普遍的做法。當我驕傲的向鄰居介紹我六週大的兒子小克時，有位年長的鄰居太太很驚訝的說：「什麼，他只喝母乳？你不想給他吃點真正的食物嗎？我女兒三週大就已經吃麵包店的奶油小餅乾了。」

給嬰兒吃奶油餅乾實在太早了，這應該是例外而不是常規。但是當時的媽媽會爭相比較，用湯匙灌紅蘿蔔、菠菜或麥糊給他們才幾週大的寶寶吃。真的是「灌食」，因為三、四個月大的寶寶還有「吐」的反射動作，舌頭會把所有非流質的東西立刻從嘴裡吐出來。

現在的小兒科醫師一致認為，副食品絕對不應在寶寶五個月大之前開始，有些要到七個月大才「發育成熟到可以用湯匙」。如果不確定，最好再等一下，不要苛求您的寶寶。

可以用湯匙了嗎？

寶寶是否可以用湯匙餵食不只取決於年紀，在開始餵副食品之前，必須先確認寶寶有以下徵兆：

- 他能在大人協助下坐得很好。
- 他的視線能準確的跟著湯匙。
- 他能準確盯著東西看並抓住，然後往嘴裡送。
- 他對其他人的食物感興趣。

「幫我自己來！」

決定餵食副食品的時機，不只要看孩子的腸胃是否能夠消化母乳或嬰兒奶粉以外的食物，也要看孩子能否自己主動參與，他必須能在吃飯時得到樂趣。

他與生俱來的好奇心及探索新事物的興趣，每天都展現在你面前。他想要拓展自己的生活空間，想用雙手和嘴巴發現東西，想往前移動，想要學習，想要做他自己能夠做到的所有事情。他想為他的進步和與日俱增的獨立性而感到驕傲，而要

做到上述這些，他需要你：你的愛、你的支持、你的信任。

孩子不只從你這裡學會用湯匙吃飯，在他小小的人格發展上也是跨出非常重要的一大步。與家人坐在餐桌邊一起吃飯是學習社會化的大事。把奶瓶吸嘴的洞加大，加入麥糊，並不是好主意，請放棄這種餵食副食品的方式。只有自己用手或用湯匙吃東西，孩子才能同時學會新的進食技巧與社會技能。

「幫我自己來」的教養原則，一語道出孩子從喝奶過渡到與家人共餐時，你的任務所在。你的任務是看出寶寶已經學會什麼，鼓勵他一步一步繼續學習。由寶寶決定步調的快慢，你要做的事就是陪伴和支持他，和他一起為跨出新的一步而高興。

副食品的順序是？

關於什麼是最佳副食品，並沒有明確的答案。世界各地餵食的副食品都不盡相同，就連德國醫師的建議也跟美國的略有不同，以下將介紹兩國的情形。

德國兒童營養研究機構的建議

　　德國小兒科醫師建議，給五、六個月大的孩子一天餵食一次現成的瓶裝蔬菜泥，當作第一種副食品。紅蘿蔔泥特別適合，因為吃起來甜甜的，大部分的小孩都很喜歡。此外，因為吃的量少，所以自己煮不划算。如果孩子肯接受用湯匙吃，可以再加入馬鈴薯泥和一點點植物油。

　　幾天後可以再加入一些肉泥，這樣寶寶就可以吃到一份完整的蔬菜馬鈴薯肉泥。比例應該包含兩份蔬菜、一份馬鈴薯、二十公克煮熟的瘦肉泥，再加三十公克的果汁和十公克的植物油。

　　推薦的理由是，這道菜富含鐵質，而鐵是寶寶從六個月起最急切需要補充的養分。這份菜單裡的鐵質特別好吸收。市面上標示有「寶寶菜單」的瓶裝嬰兒食品都符合這些成分，而且還會另外添加鐵質。

　　一個月後，可以再多餵食一次全脂牛奶穀物泥，要選有添加鐵質的。再過一個月，應該再加餵第三餐：不含牛奶的全麥

水果泥。在十到十二個月之間，應該給寶寶吃麵包，並且開始坐在餐桌邊學習自己吃飯。

美國小兒科醫師協會的建議

不要一開始就給孩子吃固體，先從半流質開始。擠一點母奶或利用嬰兒奶粉，然後加入一點嬰兒食物泥，請注意：大部分現成的嬰兒食物泥都已含奶粉，並且加水混合，那種產品不適合這樣做！請使用可以自己添加奶水（母乳或初生嬰兒奶粉）來調製的嬰兒食物泥，絕對要買有添加鐵質的。一茶匙的食物泥配四、五茶匙的母乳或嬰兒奶粉調成的奶水就夠，等孩子習慣，可以再調得濃稠一點。剛開始的目的不在於完全取代一餐，而是讓寶寶先適應湯匙及新食物。食物泥的量可以逐漸增加到三、四湯匙。

添加鐵質的米糊是最好的食物泥，而且不含葡萄糖，幾乎所有的寶寶都能吸收良好。接著可以漸進使用現成穀物泥。記得每次都只嘗試一種新食物，每隔兩三天才再加進新的食物。

如果用湯匙餵食進行得很順利，就可以開始把一般的食物泥、煮熟的蔬菜混合起來餵。你可以買現成的嬰兒食品，或把家裡煮的蔬菜壓成泥，並慢慢增加份量。

再下一步是給孩子吃點水果泥，這個也可以混入現成的食物泥裡。

在寶寶七到十個月大時，你可以逐步把家裡的食物壓碎或搗成泥，給寶寶「用手拿著吃」，或者用湯匙餵他。連麵包、麵條、米飯、蛋黃、魚、肉和雞肉等，也可以逐步讓孩子嘗試。

除了這些新食物，寶寶仍然需要喝奶。在美國，他們會建議母親在孩子滿一歲前都繼續哺乳。那些食物泥也可以一直跟母奶一起調製。不想哺乳這麼久的媽媽要記得，在小孩滿一歲前不可餵食牛奶，而是用現成的嬰兒食品取代。寶寶大約從一歲起，幾乎所有上桌的食物都可以吃，只要注意調味清淡且夠軟（壓碎或打成泥）就行了。

此外，美國的小兒科醫師還列出幾點建議：

- 小麥、蛋白、柑橘類水果、果汁和牛奶是最不容易消化的食

物，而且可能引起過敏，不要太早讓孩子嘗試。體質敏感或先天遺傳不佳的孩子，最好等一歲以後才碰這些東西。

- 如果寶寶無法消化新的食物，將這食物從菜單中刪除，一至三個月之後再試一次。如果還是不行，至少要再等六個月，才可以嘗試第三次。

- 如果寶寶可以消化牛奶，請至少喝到滿兩歲為止，而且給他喝全脂牛奶，不要喝低脂。孩子在這段成長時間內，需要牛奶中的油脂。

- 寶寶在滿一歲前不可吃蜂蜜。蜂蜜裡可能含有肉毒桿菌，使初生兒染上致命疾病。

飲料

只要有餵寶寶吃副食品，就需要額外給他喝點東西。

- 水（常溫、不含碳酸）當然是最佳的解渴飲料。

- 請謹慎使用果汁。至少要以 1：1 的比例加水稀釋，而且稀釋過的果汁每天不可供應超過半杯。太多果汁會導致孩子

拒絕其他食物。嬰兒果汁既貴，也不必要。

買現成的或自己煮？

也許你還不太確定，該給寶寶吃現成的嬰兒食品還是自己煮。我們的答案是，第一道副食品的嬰兒食物泥應該要富含鐵質，添加鐵質的嬰兒食物泥有現成的可以買，所以買市售的比自己煮更適合。

只要你覺得方便，可以毫無顧慮的使用現成的水果或蔬菜泥，整餐都是買現成的也行。如果你家每天都會開伙，那就從家中的食物裡輪流挑一道菜來讓寶寶吃。最好先分出寶寶要吃的那一份，再幫大人的食物調味。冷凍食品、鋁箔包或罐裝食物都不適合寶寶，因為它們的調味料和鹽巴都加太多。

為嬰幼兒設計的專屬食譜數量繁多，書店裡介紹嬰幼兒飲食的烹飪書多到能放滿整個書架。其實那些都是多餘的，所以你在本書裡也找不到任何食譜。

適合嬰幼兒吃的食物有很多，只要讓他習慣這些食物，食

物夠軟且切得夠小就好。

不用奶瓶也行

　　如果孩子學會用杯餵，就可以減少他用奶瓶喝奶的次數。這段過渡時期可以使用一種附有蓋子和吸嘴的「學習杯」，讓孩子比較容易學會用杯子，但是母奶寶寶可以直接學習用杯子喝。

　　我自己在帶女兒時完全沒用到奶瓶。在我一天還哺乳數次的同時，就讓她試著用學習杯來喝水。

　　剛開始，水幾乎都從嘴邊流出來，不過當她九個月大時，就能用一般的杯子喝水，斷奶也因此水到渠成。我們把「床上早餐」保留為最後的哺乳餐，因為我們倆都覺得那樣很舒服。

供應的食物要一起長大

　　美國營養學家愛琳‧沙特（Ellyn Satter）找出父母應逐步增加供應的食物與孩子日漸增長的能力兩者間的關聯，請見第 194 頁的對照表。

與家人共餐

給孩子餵食時，要供給他重要的營養，例如碳水化合物、脂肪、鐵質、維生素。但這還不是全部，怎麼餵食也同樣重要。透過餵食可以讓小孩知道：

- 「我愛你」
- 「我會注意我可以怎麼幫助你」
- 「我信任你」
- 「我尊重你」

如果這些訊息可以傳達給孩子，那麼餵食就不會成為一件惱人的事。從喝奶過渡到與家人共餐，意味著：你讓孩子來主導，你支持他、幫助他，並且讓吃飯的氣氛良好。

提供支持

請耐心等候孩子「發育成熟到可以用湯匙」為止。對有些小孩來說，這不是問題，他們簡直迫不及待要用湯匙吃。有些

每個發育階段的正確飲食

	孩子會什麼了？	應該額外提供哪些食物？
〇~六個月	學會找乳頭或吸嘴，也會吸吮。	什麼都不用（除了取代母乳的初生嬰兒奶粉）
五~七個月	開始會坐。眼睛會跟著湯匙，嘴唇會含湯匙。開始吞嚥食物。	用母奶或嬰兒奶粉調製添加鐵質的嬰兒食物泥。先給米糊，再逐步提供其他穀物調製的食物泥。
六~八個月	會在嘴裡把舌頭向兩邊移動。開始咀嚼，能把雙手對準，朝嘴巴送。	把蔬果打成泥，混合在一般的食物泥裡面。
七~十個月	能咬得很好，咀嚼得很好。能在嘴裡把食物從一邊移到另一邊。嘴唇能在杯子上緣閉合出正確的形狀，而且手指在球上能圈合起來。	麵包和穀物製品，也可以用手拿來吃。小塊的水果和蔬菜，用杯子喝果汁和牛奶。
八~十二個月	對餐桌上的固體食物感興趣，能用杯子喝水，並能做出「鑷子握法」：拇指和食指會同時使用。	餐桌上柔軟和煮熟的食物，切細、剁碎的肉泥也可以。

孩子會先拒絕湯匙，拒絕可能只是單純意味著他非常驚訝。畢竟對孩子而言，那是驚人又全新的方式，這口感跟熟悉的吸吮母奶有點不同！他必須先弄明白，這也是可以吃的。

所以，父母要有耐心的不斷重複餵食。如果小孩的反應非常敏感，到六個月大都還把食物吐出來，而且嘴裡一感到有「異物」就會噎到，那麼最好還是小心為上。你可以把食物塗在孩子的手指或他心愛的玩具上，或者用一根軟湯匙，放上少少的食物泥，好讓孩子能自己去探索和認識食物的味道。

有些寶寶在食物泥裡意外吃到一塊比較硬的食物就會噎到，因此記得把食物均勻壓碎，餵食會比較順利。

剛開始餵食時，請把孩子抱在懷裡，坐直比較不會噎到。等孩子能安穩的自己坐著時，才可以「搬到」高腳椅上。

適當的節奏對孩子學習吃飯很有幫助。合理規律的吃飯時間可以根據孩子的睡眠時間來決定。

只要有機會，就讓孩子與全家人一起吃飯。這時候，孩子夜裡已經不需要再吃喝任何食物了。

還有兩個很重要的建議：一、供應孩子合乎他年齡所需的食物；二、在餵食時要輕聲細語且語帶鼓勵，但不要說太多話，好讓孩子能專心享受進食樂趣。

讓孩子主導

讓孩子決定節奏。在開始餵食之前，應該先讓他察覺到湯匙的存在。始終讓孩子決定他想吃多少。他會讓你清楚的看見，他想吃多少：嘴巴張開，代表「再來！」；嘴巴閉上且把頭扭開，就是「我吃夠了」。

提供孩子一小份的食物就好，如果他還想吃的話，才再給他。我們在此刻意不談份量，因為你已經知道，寶寶能非常完美的自己調節能量需求，卡路里多少並不重要。

請允許孩子探索食物，允許他抓住湯匙，你也可以另外給他一根自己的湯匙握在手裡。請准許他用手指來探索食物。

「我自己來！」

讓孩子用手指抓東西吃，只要他想，隨時都行。大部分的寶寶都覺得不靠別人幫助而吃東西，是一件棒透了的事。不只是麵包、水果丁、蔬菜丁適合讓孩子抓著吃，所有你吃的東西也都適合！只要能從盤子送到嘴裡不會散開就好。馬鈴薯、飯或麵都可以加點蔬菜、肉和一點湯汁，混成一團適合餵食的「泥」。

請忍受小孩把食物弄得滿臉都是，卻只有少少的食物送進嘴裡。你也許還得在飯桌下鋪一層塑膠布，給寶寶戴上特別的圍兜。這些「泥」一旦落在兒童餐椅上，乾掉以後肯定會變成水泥塊，但是這麼做絕對是值得的！

如果孩子可以盡情享受食物，他的吃飯技巧會進步得更快。

喚起好奇心

所謂「飢餓使人乖」，大家總是以為在哺乳或餵奶前，先

用湯匙餵食肚子餓的寶寶，這樣寶寶會比較容易接受湯匙。這麼做也許會很順利，也或許會失敗。想像一下，餓得不得了的寶寶等待的是熟悉、柔軟、溫暖的乳房，得到的卻是生平頭一次看見的奇怪硬物——湯匙，送進嘴裡。如果他受挫又憤怒的咆哮，直到他又有母乳，你能對他生氣嗎？

反之，如果是好奇心與探索精神驅使孩子自願嘗試湯匙或用手拿東西吃的話，吃飯會帶給他更多樂趣。若是在寶寶不那麼餓的時候，這麼做可能還比較容易成功。我們的建議是，第一次嘗試用湯匙餵食最好是在喝完奶之後，過一段時間再更動順序。

體重不會過重

最後，即使你覺得孩子超乎尋常的「圓」，但請放心，在這個年紀是不會體重過重的。嬰兒時期的身材，跟他長大後的身材沒什麼關係。

重點整理

☑ 一小匙一小匙餵

最早從寶寶第六個月大開始餵食副食品,並漸次加入新的食材。請耐心等待,看看寶寶是否能消化這些新食材,每兩至三天,再加入另一種新食材。

☑ 歐美建議不同

德國和美國小兒科醫師的建議稍有不同,不過兩者都是經過深思熟慮後得出的結論。請選擇你認為對孩子比較有益的建議。

☑ 餵食副食品要配合發育

餵食副食品的時間表也由寶寶來決定,要合乎他的學習進度。請仔細觀察他發出的訊息,吃飯時讓寶寶來主導。你允許他自己做得愈多,吃飯時他得到的樂趣就愈多。

一到六歲：
「我已經不是小寶寶了！」

端什麼食物上桌？

你辦到了！孩子已經成為全家共餐時的標準成員。他坐在自己的兒童餐椅上，他能自己用手抓菜來吃，可以在你的幫忙下用杯子喝東西，他也能咀嚼和吞嚥。他讓別人餵他吃東西，有時候他也肯用湯匙自己嘗試一下。

幾乎所有為其他家人準備的菜，現在也能給孩子吃，只要少點鹽巴和調味，所有柔軟多汁的東西，孩子現在都能吃。

當然不是所有的孩子在滿一歲時都能做到上述這些事情，多花上好幾個月也是絕對可能的，有些孩子在第二年才長牙齒，到那時才能好好咀嚼；有些孩子很晚才學會安全的坐在高腳椅上。無論如何，發育都會持續下去。

也許孩子每天還要喝上一頓奶，也許他還很愛吃嬰兒食物泥。大約兩歲時，孩子才能獨立自主使用湯匙或叉子吃東西；大約四歲大時，孩子才能像大人一樣，以圓形移動方式好好咀嚼口中食物。到他能正確使用餐具，「舉止文雅有禮」的吃飯

還要好幾年。儘管如此，孩子現在已經不是嬰兒了。如果你供應正確的食物，他會好好吃飯。

一到六歲孩子好好吃飯的訣竅

以下幾個訣竅適用於所有孩子。不管孩子是胖是瘦，或是標準身材，都沒有差別。

斷奶

如果孩子尚未斷奶或戒奶瓶，請在一到兩歲間做到。正餐之後再喝奶可能造成的問題是，有些孩子不願意吃東西，情願喝到飽。請把喝奶當成獨立的一餐點心，例如早餐和午餐、或午餐和晚餐之間的點心。

3+2：固定用餐的時間

大部分孩子在十二到十八個月時，都會戒掉白天第二次小睡的習慣，只剩一次午覺。此時就可以開始實施固定的用餐時

間，這節奏在往後幾年會持續下去，一天三餐都在固定的時間，另加兩次點心時間。

　　每隔二到三小時，給孩子一些東西吃。固定時間有個很大的好處：讓吃東西不是出於無聊、鼓勵或其他不當的理由。要是孩子拒吃午餐，兩分鐘後又吵著要吃餅乾，你就客氣且明確的說：「午餐已經過了，等到點心的時間吧。」為了讓孩子不會因此挨餓太久，你可以把點心時間稍微提前。

　　偶爾還是可以允許孩子吃塊餅乾或冰淇淋，另外還有很多東西也很適合當點心：水果、優格、蔬菜、脆餅、乳酪、麵包、玉米片加果汁（最好加水稀釋過），或是全脂牛奶。

飲料

　　請不要無限量供應果汁、牛奶或巧克力可可給孩子。喝太多飲料經常是到了吃飯時間還不餓的原因。每餐喝一小杯牛奶或果汁就夠了，要是孩子還口渴，就給他喝水。

　　水是最佳的解渴飲料。不要給一、兩歲內的孩子喝汽水，

將來也只有在例外情況下才供應汽水。

混合熟悉的口味和新口味

別問孩子你想吃什麼？做家長的請別「聽命」煮飯，請你挑選要端上桌的菜色，讓孩子可以從中選擇。菜色時時替換和多樣化，是讓飲食又好又均衡的保證。請注意食物金字塔原則（見第 100 頁）。

每餐都應該要有一些孩子熟悉的菜色，不認識的菜餚大概必須上桌十次、二十次，甚至三十次，孩子才會碰它。請保持耐心，自己帶著享受的心情來吃。每餐都準備些麵包在桌上，如果孩子真的不喜歡吃那些食物，他還是可以選擇吃麵包填飽肚子。

若你準備了飯後甜點，不管孩子正餐吃多吃少，還是要給孩子吃飯後甜點。孩子想吃多少飯菜就可以吃多少，扣住食物不讓孩子吃是粗暴的做法。

微溫、柔軟又多汁

　　四歲以下的孩子還是經常會嗆到，堅硬和太大塊的食物會掉進氣管，嚴重一點甚至可能發生窒息。硬糖、爆米花、沒有切碎的香腸末端，或者生紅蘿蔔，都不應該給幼兒吃。肉、生菜及水果，最好都切成小塊；堅果，特別是花生，對幼兒有致命的危險。

用餐氣氛如何？

　　在一到兩歲之間，大約自孩子十五個月大左右，就要展開一段非常緊張的兒童發育期——小孩發現了自己的意志，更有趣的是，他發現到他擁有權力和影響力。例如他坐在兒童座椅上吃飯，剛好湯匙掉了下去，於是你起身並將湯匙撿起來還給他。孩子會怎麼做？他會把湯匙再丟下去，而且一而再、再而三。

　　為什麼這會給他那麼大的樂趣？因為他剛剛發現了一件很

棒的事:「嘿,我可以讓媽媽一再起身,把湯匙撿起來給我。我想怎樣,媽媽就會照做!」你的孩子開始測試:「我的影響力從哪裡開始?」孩子最愛講的字眼變成「不要!」。他眼裡閃耀著某種光芒,特別偏好那些他不該做的事。

耍脾氣、打人咬人常常都是發生在這段時期。在兩、三歲時,這些行為很正常,就像一頭小獅子和兄弟姊妹在地上打滾,孩子也正想與你較量較量。他清楚感受到自己的優勢與你的劣勢。

吃飯時避免權力鬥爭

孩子會不斷嘗試讓父母捲入「獅子之爭」。而不少父母,尤其是媽媽,會在不知不覺中一塊兒玩起這遊戲。吃飯時陷入爭鬥的風險特別大,因為很多媽媽在吃飯時特別居於劣勢。當孩子拒絕吃飯時,她們會露出一副好像孩子會消瘦挨餓的樣子,或者是把對孩子的愛與尊重和食量混為一談。於是孩子一眼就看出:「吃飯是來場獅子之爭的好機會!拒絕吃飯特別緊

張刺激，這個時候我比媽媽強，我可以勒索她！」

　　一旦同意加入這場爭鬥，你一定是鬥輸的那方。沒人可以用耍花招，或者強迫、獎勵的方式來讓孩子吃飯的，睡覺也一樣行不通。你只能讓孩子上床或到餐桌來，但他何時或是否要吃飯睡覺，只有他自己能夠決定。這些是孩子能夠自己調節的基本需求，孩子只需要一樣東西——你的信任。

「沒有一樣你愛吃的？沒關係」

　　你可以且應該限制孩子吃飯的規矩，但不要限制他的食量。不管孩子是否要吃、要吃多少，請把這一切都留給孩子來決定。你不必證明自己比較強勢。請信任孩子，他自己最清楚他的需要。如果孩子一邊扭開頭，一邊說：「我不要吃！」，那麼從現在起，再也不要為這種事抓狂，不要認為孩子拒絕吃飯是針對你。你隨時備妥一個永遠有效的答案：

「你什麼都不必吃，只要坐在我們身邊，陪我們吃就好。」

孩子每一餐都必須坐在餐桌邊，但他不一定要吃。你把菜餚端上桌，不是端進孩子的嘴裡。這麼做正好可離開戰場，你不施壓，也不製造無謂的緊張。把孩子自己可以完美做到的事留給他做——按照他的需求而吃。孩子會感受到你信任他，這對他很有幫助。

諒解特殊偏好

你還記得吧？孩子現在不需要再吃那麼多。他成長的速度放慢很多，體重增加得也比前幾個月慢。嬰兒肥不見了，還有一些事情也在改變：很多孩子剛開始很興奮的張開嘴巴吃東西，到了第二年卻經常狐疑的看待新食物。不認識的食物會先被拒絕，或許還接二連三的被拒絕。原因何在？

想像一下，有個石器時代的孩子從洞穴中爬出來，探索

這個世界。如果他只吃那些他已經認識且絕對不會傷害他的果實，該有多好。害怕新事物對活動力愈來愈強的幼兒來說，其實是合理的自我保護，請不要因此責怪你家那個突然很「挑剔」的孩子，而是諒解他。

從生物學的角度解釋，孩子偏好甜食是因為甜的果實幾乎不會有毒，所以可以毫無顧慮吃下去。

賦予信任、促進獨立

讓孩子獨立吃飯，不論多大，只要他想要就讓他做。一、兩歲用手抓著吃還算恰當，不過最好多多鼓勵孩子使用湯匙或兒童叉子進食。請別為了他打翻一只玻璃杯而生氣。在孩子長大成人之前，還會打翻很多很多的玻璃杯。

只有當孩子需要你協助時才餵他，他真的不想繼續吃，就不要強迫。當你餵一個已經吃飽或不情願吃的孩子，就是在施壓。

有位母親在一場演講中反駁道：「我四歲的女兒只吃麵條和馬鈴薯。蔬菜我必須用餵的，否則她完全不吃。」這位母親

顯然違反了「好好吃飯規則」。比較好的做法是，每天放一點蔬菜在麵條或馬鈴薯旁邊。總有一天，小孩會主動試吃看看。如果不吃，他就是不需要。

保持冷靜

請接受幼兒會拒吃新食物。有些食物得在餐桌上出現了二、三十次以後才會被接受，這是很正常的事。你可以鼓勵孩子嘗試新菜餚，但請不要強迫他。請減輕孩子嘗試新菜餚時的負擔：當孩子覺得不好吃時，允許他吐出來。

供應孩子小份的食物。因為想吃才追加的食物，吃起來可比裝太滿、總是剩在盤子裡吃不完的食物好吃多了。有些孩子吃一點點就飽了，尤其是在喝了很多果汁和牛奶之後。此外，每個孩子每天的食量都有很大的波動。

別總是注意孩子吃了多少，

多多注意他是否健康活潑，有活力。

吃飯時保持好心情

請讓用餐的氣氛保持愉快。陪孩子吃飯，跟他聊天，但不要變成脫口秀。帶著享受的心情吃飯，這樣你就是好榜樣。

設定界線

設定吃飯規矩的界線與賦予孩子信任同樣重要，從第二章中你已知道應該儘量避免哪些錯誤。下面告訴你正確的做法。

吃飯不緊張的規則

儀式，有助於設定界線。吃飯時最重要的儀式是，每餐都陪孩子坐下來吃，吃點心的時候也要。三餐的時間要固定，只有當孩子安靜下來，而且專注於面前的食物，他的內在聲音才能運作，也只有這樣，他需要多少就會吃下多少。反之，吃飯時跑來跑去，或者邊看電視邊吃飯，他只會毫不考慮的把食物塞進嘴裡，而沒有去注意「飽」或「餓」。

只准孩子在桌邊吃飯還有一大好處——你會看著孩子。這

對幼兒安全很重要，萬一他噎到，你立刻就會注意到。永遠別讓幼兒單獨吃飯。

　　剛開始，孩子要一直坐在桌邊，直到他吃完，才准他起身。如果他什麼都不想吃且只需陪你吃飯，那麼讓他待個幾分鐘就夠了。大約四歲起就可以教導他，要顧慮到他人感受，稍微忍耐一下再起身。至於得花多久才能訓練成功，要看孩子的個性，剛開始陪坐，短短的時間就好，熟能生巧！

　　吃飯時應該關掉電視和收音機，也沒有故事書和玩具。

吃飯就是吃飯，和大家坐在一起聊聊天，把食物吃下去，如此而已。

合理的堅持

　　設定界線，代表著用一貫的方式處理孩子的不當行為。214頁的表格列出幼兒與學齡前兒童在吃飯時特別常出現的脫序行為，以及家長應如何反應。

最常建議的合理堅持就是「結束用餐」。而這個原則也適用於「瘦小」和「吃飯習慣很差勁」的孩子，只有當你能同時賦予孩子信任時，你才有辦法將此原則貫徹到底。這裡適用的廚房標語是：「我相信你會取你所需！」

父母特別常提到的一個問題就是孩子執著於某種食物上：「只要塗巧克力醬的麵包」、「只要蕃茄醬，沾隨便什麼都好」……這只是隨便舉幾個例子。

下頁表格裡提到的用餐規則和訣竅也適用於「愛挑剔」的孩子。請相信我們：

如果桌上擺著各式各樣豐富的菜餚供選擇的話，
孩子是不會營養不良的。

看看孩子是否健康又有活力，如果是，那麼他就是吃得很健康。

如果你總是聽命行事，只端巧克力麵包或淋上蕃茄醬，那

用餐時發生不當行為的正確反應

孩子的不當行為

孩子不坐在他的座位上，總是一再從他的座椅爬出來，到處跑來跑去。

父母的反應

把孩子放回兒童餐椅，並對他說：「吃飯要坐在桌邊。」第三次再爬出來時，就結束用餐，並且把食物收走。

孩子拒絕吃飯，兩分鐘後嚷著要吃甜食。

家長要堅定不移的要求孩子等到下一次餐桌邊的「點心時間」。

飯菜在桌上，孩子卻要求：「我要吃別的！我不喜歡吃這個。」

「你什麼都不必吃，只要陪我吃就好。如果你喜歡，這裡有麵包。」

孩子發牢騷說：「好噁心喔！難吃死了！」

「你不必吃。可是我很用心煮。如果你不愛吃，你可以客氣的告訴我。」

孩子完全不吃，只把食物玩得到處都是。	說聲「不可以」，然後把食物收走。孩子必須等到下一次的點心時間。
孩子「囤積食物」，他把食物塞得滿嘴都是，卻不吞下。	請保持冷靜。如果必要的話，最慢在上床睡覺之前，小心的將殘餘的食物從他嘴裡取出來。
孩子只想吃飯後甜點。	他可以吃飯後甜點，就是他的那一份。之後，他得等到下一餐。
孩子行為嚴重失序，他不停發牢騷、哭鬧、丟食物。	停止用餐，並且宣布「結束」。

表示你仍然支持這種單方面的飲食選擇。孩子沒有其他多樣化選擇，就根本不會想去嘗試新的食物。最好提供孩子多樣化的食物，你自己也要以身作則，帶著享受的心情來吃。請另外準備一些麵包在桌上，這樣無論如何都有東西給孩子吃。

很多媽媽會因為孩子只喜歡少數幾樣菜而很不快樂，於是一臉憂愁坐在桌邊，試著說服孩子，並重複談論「健康」飲食和維生素的事。她們原本是一番好意，但是孩子接收到的訊息卻是：「你自己沒辦法調節，你的身體有點不對勁。」這對孩子的自信心來說，一點好處也沒有。可以想見孩子的反應會是：「如果她一直發牢騷，我至少會讓她看見，我比她強。」

你可以送給孩子一個很棒的禮物，那就是你下定決心拋開擔憂的表情，並對他說：「我總是一直發牢騷，抱怨你吃什麼吃多少，這是我的錯。我有看見你很健康又有活力。你向我證明了，你自己完全知道需要什麼。我答應你，以後我不會再拿這件事來煩你。我只是為你惋惜，你錯過那麼多東西，有好多你從未試過的美味佳餚。如果有一天你能嚐嚐看這些，我會為

你高興。」

　　即使孩子年紀還小，無法完全聽懂，還是能這樣對他說。家長的態度和觀點會讓事情變得不一樣，即使孩子無法聽懂你每一個字，他也能感受到這個信任，這會帶給他勇氣去創造新的經驗。

重點整理

☑ 坐在餐桌邊與家人共餐

一歲左右的孩子就能坐在餐桌邊與家人一起用餐。請從此時開始，每餐都全家一起坐下來吃飯。

☑ 供應一切

孩子現在幾乎可以吃所有端上餐桌的食物了，只要食物夠柔軟多汁。

☑ 固定的節奏

三餐時間要固定，再加上兩次點心時間，在這個年紀是很恰當的。孩子不需要額外的營養品。

☑ 設定界線、賦予信任

請規範孩子的用餐規矩，但不是限定他的食量。賦予孩子信任，這樣他可以完全按照他的需求來調節飲食。

學齡兒童：

定型期

深化學習

孩子上學了。他不再需要高腳椅，他覺得自己「長大」了。現在他真的什麼都能吃，甚至會使用刀叉。到目前為止，孩子都是按照他自己的「內在聲音」來攝取營養嗎？你有供應他豐富多樣的食物選擇，並貫徹合理的用餐規則嗎？如果有，那麼現在你可以輕鬆坐定，享受自己努力的成果。

現在，孩子有全副武裝足以對抗所有可能的影響與誘惑，將來他也能相信自己的身體，而且配合身體需求和遺傳來攝取營養。

解釋規則

如果孩子不滿意那些你供應的食物，可以向他解釋食物金字塔，或者把我們的「好好吃飯規則」告訴孩子，規則其實很簡單，每個學齡兒童都可以理解。附錄的「廚房標語」可以直接剪下來使用，可以把它們掛在飯廳看得見的地方，需要提醒

時指一指就可以了。

孩子通常都很喜歡這規則，因為那給他們很大空間自己做決定。他們甚至老是注意「不要欺騙」那一條：「媽媽，我可以自己決定我想要吃多少！那裡有寫！」萬一你覺得很難讓孩子自己做這個決定，附錄裡的保證聲明也可以幫助你。這樣一來，你就是簽名同意履行：我在此承諾讓我的孩子（名字）自己決定，每餐他想要吃多少。整份聲明還要寫上地點、日期和簽名。

開始實行規則時請注意：你只能無限量供應水果、蔬菜、五穀、麵條和馬鈴薯上桌，肉、香腸、乳酪、油膩食物和甜食應該有限供應。

當孩子感受到你是真的很認真遵守規則，而且顯然這對你也絕非易事時，孩子也會比較容易接受他應遵守的部分。他會比較願意接受你挑選的食物、時間和規矩。當你不「欺騙」，孩子大概也不會這麼做。

讓學齡兒童好好吃飯

感覺你和孩子處在緊張階段中？前面談到有關學齡前幼童的原則，也都適用學齡兒童。而且對這個年齡階段的兒童來說，外在環境的影響力會變得更大，他們會想要吃喝那些從別人或從電視廣告裡認識的食品，用零用錢買零食、洋芋片、可樂。

以下綜合整理學齡兒童好好吃飯的最重要規則：

怎麼吃？

- 絕對要保留家人共同的用餐時間。不要把食物給孩子拿在手上吃，尤其不要在電視機前面吃飯。

- 讓孩子幫忙做菜，或者幫忙準備點心。如果准許他自己把食材切成小塊，他會覺得水果沙拉吃起來加倍好吃。

- 如果孩子什麼都不想吃，就邀請他坐在餐桌邊陪你一塊吃。十五分鐘對學齡兒童來說是合理的。

- 要讓共餐的氣氛保持愉快。抱怨孩子的食量、他吃的食物，數落他在校的行為和成績全都是禁忌。

- 當孩子的行為完全失控時，宣布「暫停」幾分鐘。

供應什麼？

- 不要只為孩子，也要為自己做菜。只有當你自己也真心覺得飯菜美味可口，你才能保持冷靜與好心情。

- 選擇點心時也要考慮孩子的願望。請準確的採買，不要囤積甜食或洋芋片。能自由拿取這類食物，對大部分孩子（對很多大人也是）來說誘惑太大。

- 孩子偶爾會用零用錢去買甜食。就算你禁止，最後只會變成偷偷去買。如果他信任你並請求你的允許，你可以說：「那是你的錢。但是如果吃飯時你還會肚子餓的話，我會很高興。」

- 甜的飲料，如可樂或汽水，你無法完全不給孩子喝。但是你可以限制他們在特定場合才能喝，例如上館子、放假和節日時。

- 有的孩子上了小學還是一樣「吹毛求疵」，他們的味覺特

別敏感，而且非常挑食。這時候，做家長的要有某種容忍度才行，請允許他從你所供應的食物中「挑出」幾樣來。如果他在別的地方也這樣做時，要看著他、護著他。你可以要求他禮貌性的拒絕食物，而不是不得體的發牢騷。

我們社會中最常發生的兒童飲食問題──體重過重──是從學齡兒童期才開始出現的，而且人數還在不斷攀升中。我們將在最後一章特別討論這個主題。

重點整理

☑ 很多事情都成功了

家中的學齡兒童已經定型為會好好吃飯了。你現在可以對孩子解釋食物金字塔的內容和好好吃飯規則。現在才開始實行好好吃飯規則也還不太遲。

☑ 可以偶爾「解禁」

學齡兒童難免會想吃喝一些誘人的零食或汽水。「完全禁止」不是好辦法，你可以偶爾讓孩子在特定時間或場合——如上餐館、假日或節慶時——「解禁」一下。

☑ 小小廚師

讓你的學齡期孩子在家幫忙料理簡單的菜餚或點心。對這些小小廚師來說，自己親手做出來料理，總是加倍美味！

CHAPTER 4

特殊問題

本章你將讀到

好好吃飯規則對體重過重有何幫助？

好好吃飯規則，

對預防嚴重飲食失調有何重要？

食物過敏與食物引起的其他不適，

父母應有哪些認識？

當孩子腹瀉、嘔吐時，該怎麼辦？

當飲食失衡時

體重過重：太多養分滯留體內

專家一致認為，有愈來愈多小孩，尤其是中小學生，體重過重。這些胖小孩的心理承受著很大的壓力，而且長遠來看，他們的健康也會受損：他們的骨骼和關節負擔過重，血液循環也是，這很容易造成高血壓和糖尿病。

生活方式造成差異

雖然運動對胖小孩特別有益，但是孩子愈胖，運動起來就愈困難。他們愈是少運動，就胖得愈快，真是個完美的惡性循環。雖然遺傳也是重要因素（八成的體重過重皆歸咎於此），但是沒有人單單因為遺傳而胖的。差別在於，有些孩子不會很快因為飲食錯誤和缺乏運動而體重過重，有些卻已經有這種傾向。我們的生活習慣絕對也扮演了重要角色，除此之外實在無法解釋，為什麼愈來愈多小孩變胖。有些習慣顯然會促成體重過重，其中包括：

- 運動太少
- 高油脂飲食
- 三餐之外無限制進食（也吃甜食和點心）

　　最糟糕的是，連續看好幾個鐘頭的電視，而且孩子經常一邊看電視，一邊吃東西。偏偏這種時候吃的東西通常都特別油膩或太甜，或者兩者皆是。所有的飲食錯誤都在這兒會合了──在正餐之外攝取高熱量的食物和甜食，以及很少運動。長時間看電視與體重過重之間的關聯性，在年紀較大的孩子身上顯現的比年紀小的小孩更為明顯。

多胖算過重？

　　光用看的，不一定看得出來孩子是否「太胖」。我們在第一章解釋過成長曲線，它能提供重要的資訊。小兒科醫師最能提出精確的診斷，他可以透過測量皮膚抓起來有多厚，判定身體的體脂肪數。

身體質量指數

小兒科醫師也能測出所謂的身體質量指數（Body Mass Index, BMI），並從對照表內察看這個指數是否落在正常區間。這個指數也說明，身高和體重是否在正確的相對關係之內。

計算 BMI 的公式很簡單：

$$BMI = \frac{體重（公斤）}{〔身高（公尺）〕^2}$$

例如你的身高是 170 公分（1.7 公尺），體重 60 公斤，那麼你的 BMI 就是

$$\frac{60}{2.89} = 20.8$$

BMI 在 21 以下，距離過重還差得遠。成人的 BMI 從 25 起算是輕微的體重過重，超過 30 算嚴重過胖。

兒童也同樣很容易計算，不過所代表的意義則依孩子的年

齡而定。一如你從第二章的圖表所知，體脂肪含量會逐漸遞減，六歲之後再明顯上升，女孩比男孩更明顯。六歲小女孩的BMI 超過 18 就算體重過重，而十一歲女孩的 BMI 超過 22 才算過重。舉兩個例子：

▶▶ 希薇雅六歲時，身高120公分，體重28公斤。她的BMI是19（28/1.44=19），這個BMI值很可能就太高了。

▶▶ 克拉拉十一歲時，150公分高，48公斤重。克拉拉的BMI是21（48/2.25=21），這指數比希薇雅的高。但以她的年紀來說，這個指數還算正常。

　　由於依年齡所排列出的「正常」BMI 指數表相當複雜，我們在此就略而不提，需要時可請教你的小兒科醫師。父母也經常為他們看似「太胖」的孩子感到憂心，其實根本沒有擔心的必要，看 BMI 就知道。

　　如果孩子真的體重過重，那他急需要你的協助。

如何幫助胖小子？

當我們嘗試持續治療體重過重時發現，孩子的成功率（大人也一樣）令人遺憾的低，因此預防更顯得特別重要。遵守我們的規則並結合運動是最佳的預防措施，可讓孩子擁有理想的先決條件。這樣孩子幾乎不是真的體重過重，只比同年齡的孩子胖，但那正是合乎他的遺傳。這時就需要你幫幫他，讓他能對自己的身材處之泰然。有點胖的孩子，即使不是真的過重，也經常承受很大的壓力，他們往往會被其他小孩取笑，被大人更嚴厲管束。請以鼓勵取代施壓。

要求運動

如果不是極端過胖，小孩是不需要減肥的。只要他們能維持這個體重就夠了，因為他們還會長高。如果他們沒有繼續胖下去，自然會變瘦。

重要的是，讓孩子離開電視機，多多運動。在孩子體重稍微過重時，就敦促孩子運動。踢足球、騎腳踏車、游泳、跳舞

等，有許多運動帶給孩子樂趣。如果你自己也參與其中，並且多規劃家人共有的休閒時間，最有幫助。

小胖子動起來！

要鼓勵一個很胖的孩子運動，實非易事。如果父母不假思索就隨便幫他報名一個運動團體，他在那裡反而只會得到失敗的經驗，或許還被嘲笑。這樣不是在幫他。

比較好的做法是，找一個都是體重過重的孩子且父母也能一起參與活動的團體。例如幾年前在德國漢堡市成立的「小胖摩比俱樂部」，孩子在專業指導下每週聚會一次，不只了解到關於健康飲食的知識，也直接參與健康餐的設計。此外還會有些運動和遊戲，他們特別重視建立孩子的自信與自我負責的態度。放假時還會安排郊遊、體育競賽等類似活動。你可以上網搜尋看看你家附近有沒有類似的團體。

「歐胖胖」（Obeldicks）是另一個成功的治療模式。它與兒童飲食研究中心合作，由德國達騰市兒童醫院的萊恩納醫師

（Dr. Thomas Reinehr）所研發出來，這項治療是對兒童進行為期一年的照管，家長也要一起參與。這裡也將合理飲食、家長訓練、運動、遊戲及建立孩子的自信，結合在一起。這套治療計畫已經被證實是真的有幫助，即使兩年後都還能測出成果。（台灣也有許多醫院結合營養師和門診醫師，開設各種兒童減重班，讀者可自行就近洽詢。）

不要節食！

絕對不要命令你家的胖小孩節食！節食完全違背我們的規則，因為如此一來你就會規定孩子的食量。永遠別這麼做！沒有人可以強迫別人挨餓，我們也不希望你對你的孩子這麼做。孩子會感到屈辱和受傷。

此外，節食根本沒效，孩子只會想到吃，並且會抓住每個可能的機會「暴飲暴食」。上面提到的「小胖摩比」和「歐胖胖」也不命令孩子節食，他們只是傳授孩子健康飲食的基礎，亦即食物金字塔的內容，並幫助他們將知識轉換成實際行動。

胖小孩和瘦小孩適用同一條好好吃飯規則！

　　永遠不要只因為他胖，就對胖小孩另眼相待。食物金字塔適用於胖小孩和瘦小孩，也適用於父母。大量的碳水化合物配上很多水果、蔬菜、全麥製品與少量油脂，這對所有孩子都正確。用餐時間（三餐加上兩餐點心）都應該在餐桌上進行，中間沒有任何東西可以吃，這條規則也同樣適用在胖小孩和瘦小孩身上。

　　不管胖或瘦，每一個孩子都不可以自由攝取甜食。胖小孩和瘦小孩都應該多喝水解渴，而不是喝飲料。

　　多運動對胖小孩好，對瘦小孩也好。偶爾要允許孩子「暴飲暴食」一番，如果吃飯時只因為小胖子的體重而對他另眼相看，他會更加感到自己被排斥，一切會變得更糟。

幫助孩子接受他的身材

　　胖小孩只要穿上合宜的衣服也可以看起來很好看。即便如

此，他還是免不了被取笑。請嚴肅看待孩子的憂愁，協助他處理這樣的事。不妨教他幾招如何反抗惡劣的嘲弄。例如，「我是胖，但你是笨。我還可以減重，那你呢？」

永遠不要裝出一副只要他夠努力，就一定可以變瘦的樣子！

沒用的，那只會加深大人的失望，而且讓大人和小孩都承受壓力罷了。如果孩子能減掉他過重的體重，使健康沒有問題，而且還繼續快樂的運動，就是很大的成就了。

不是每個人都能瘦下來且一直保持纖細的身材，有些人得付出非常高的代價才能如此，你想要孩子變成一個寂寞的瘦子，滿腦子只想著吃且一點也不快樂嗎？尤其女孩特別容易在青春期時拚命節食，以致得到嚴重的疾病。

飲食失調：當身體失去控制

　　有兩種嚴重疾病是因為飲食行為徹底失常而造成的，嗜瘦症和所謂的吃完就吐症，專業術語分別是「厭食症」和「暴食症」。兩者都不會發生在孩子年幼時，而是在青春期或成年初期。如果你只有兒子，倒是幾乎不必擔心，因為這兩種症狀有九成以上的患者都是女性。

厭食症

　　厭食症是一種十分嚴重，有時甚至會危及生命的疾病，大約有千分之五的年輕女性和年輕婦女會罹患這種疾病。

　　這種病發作的年齡，通常介於十五到十九歲，多為女性。當然，也有十二歲以下的女孩得到這種疾病，但十分罕見。

　　罹患厭食症的女孩食量變得非常小，經常會出現刻意嘔吐、過度的體能運動，以及濫用如瀉藥、抑制食慾的藥物和利尿劑等藥物。這些女孩日漸消瘦、停經，嚴重時連內臟也會受

損。這種疾病迫切需要住院治療，並做心理輔導。可惜不是所有患者都能及時獲得幫助，約有四分之一的病人能康復，而約有五分之一死於此症。

　　厭食症是徹底失調的飲食行為，它導致體重嚴重下降，但這僅是外在表現，真正的失調發生在腦部，這些病人對食物和自己身材的觀念與現實脫節。他們病態且不切實際的認為自己很胖；他們對發胖有著病態且不切實際的恐懼。依照身體需要來調節飲食的「內在聲音」，徹底離他們而去。

　　這些病人就像是被迫緊抓住扭曲的外在標準，死不放手，時常需要別人強迫他們就醫。厭食症的病因至今尚未獲充分的證實，含有各種不同的危險因素。不過有一點很重要，那就是很多女孩無法以平常心看待青春期「正常」大量增加的體脂肪。只有外在形象才能帶給她們自信，一定要有極為苗條的身材，要讓別人看見「美女中的美女」，就像電視機裡的病態「紙片」模特兒一樣。

　　這些錯誤的榜樣也促使她們扭曲了對自我身體的認知。女

孩在青春期必須發胖才能發育得健康！如果我們在家庭、社會裡無法做到，並且無法讓他們明白這一點的話，飲食失調的問題會繼續蔓延。

其他的危險因素還有家庭問題，以及欠缺解決衝突的能力。因為神經失調產生的特殊病例，在過去幾年也得到證實。

幼兒時期的飲食經驗絕對有其影響力，孩提時曾拿不吃飯來勒索和操縱自己父母的人，到了青春期，也比較會嘗試這麼做。孩提時沒能按照自己的「內在聲音」吃飯的人，就愈來愈感受不到這個內在聲音，甚至更容易受到傷害。

暴食症

暴食症不像厭食症這麼危險，體重不會下降得那麼厲害，大部分人的體重都很正常。但是這些年輕女性會經常暴飲暴食，又怕會發胖，因此會去廁所把剛才所吃的東西又全吐出來。他們靠禁食和節食來限制自己的飲食，直到累積了難以忍耐的巨大飢餓感為止。

這些人大多會服用瀉藥和減肥藥，甚至隱瞞病情很長一段時間。暴食症經常是牙醫先發現的，因為牙齒會最先受損。長時間的持續嘔吐，會損害全身的身體組織。

暴食症的失調也是發生在腦部，這些病人過度注意自己的身材，他們的自我價值幾乎完全取決於此。

是什麼引發暴食症？原因也很多。但有個原因是肯定的，前幾次的暴飲暴食多半是出現在長期節食之後。可見，違背自己的需求而限制飲食，會促使暴食症產生。另外研究還證實，病人經常誤解食物的意義，他們認為吃是為了轉移注意力、放鬆心情和獎勵，為調節身體需求而吃反而退為其次。

預防飲食失調

我們沒辦法保證如果遵照我們的規則，一定就能預防止孩子飲食失調，但無論如何，它還是有助於養成孩子健康的飲食行為，並藉此預防飲食失調。

如果你在飲食與其他所有範圍都加強了孩子的自信，那你已經盡力了，這就夠了。

重點整理

☑ 體重過重時：遵守規則，千萬不要節食！

體重過重是現代社會最常出現的飲食問題。預防體重
過重的最佳方法是遵守我們的規則。其他的事你愛莫
能助，絕對不要命令孩子節食。

☑ 厭食症和暴食症

厭食症和暴食症是飲食行為完全失調所造成的嚴重
疾病，絕大多數病患是青春期的女性。藉由遵守我們
的規則，你可以有效預防孩子發生飲食失調的問題。

☑ 團體力量大

要鼓勵胖小孩運動並非易事。你可以幫孩子選擇合適
的運動團體，讓他參加。如果你能跟孩子一起從事休
閒活動或運動，那就太棒了！

當食物致病時

消化不良

不吃東西活不下去，但有時候食物也會讓人生病。不是每個孩子都能消化所有的食物。因為食物所產生的不良反應，從頭痛、心情差到驚嚇過度，導致虛脫、失去意識都有。有些疾病也經常與消化不良有關，例如注意力不足過動症（ADHD）就是個很好的例子。

過敏

什麼是過敏？——身體自有的防衛系統（即免疫系統）對某種異物產生過度激烈的反應。食物過敏就是當身體過早接觸異體蛋白質時，身體為了對抗它而形成的抗體細胞。如果身體一再接觸到這種異體蛋白質，免疫系統會以一種激烈反應來反擊，反應如果不是立刻出現，就是會在二至四十八小時之內發生。症狀可能有：

- 驚嚇和失去意識這類激烈反應

- 嘔吐、腹瀉和腹痛（可能是因食物攝取不足造成營養不良，在腸道內留下長期的影響所致）
- 呼吸道疾病：流鼻涕、咳嗽、氣喘
- 皮膚起紅疹、丘疹及會發癢的蕁麻疹、異位性皮膚炎

　　真正的食物過敏比大部分家長認為的更少發生。三歲以下的孩子只有 2 ～ 3% 會得病。

　　只有極少數的食物會讓人過敏，然而這些食物卻經常被使用且存在很多產品內，例如牛奶、雞蛋、堅果和小麥。

找出「有罪」的食物

　　確實診斷，對正確治療食物過敏是很重要的。醫師首先會先測試可疑的食物，看是否真的是它連續引發過敏反應，另外還會做皮膚檢測，如果檢測結果為陰性，就一定不是過敏。如果皮膚檢測為陽性，那也有可能是以前就存在的對某種特定食物的過敏反應。在這情況下，醫生會安排其他的檢查。

　　很多食物過敏會自動消失，尤其是三歲前曾經發作過食物

過敏的孩子，過敏現象通常是會自動消失。

　　食物過敏經常和神經性皮膚炎（neurodermatitis，嬰幼兒型稱為異位性皮膚炎）連在一起。但是只有部分孩子的神經性皮膚炎是食物過敏所引起的症狀。因為皮膚是在二十四到三十六小時後才會對相關的食物產生過敏反應，所以很難弄清楚。

其他的不良反應

　　其他不良的、但非過敏的反應更常出現，不過這和免疫系統無關。

- 食物裡的毒素或會製造毒素的細菌都可能致病。例如沙門氏菌會造成食物中毒。

- 有些孩子無法消化特定的人工色素、香料或其他人工添加物，並且會引起皮膚疹。

- 另一個非過敏性反應的例子前面已經提過——麩質過敏症——這種影響會存在一輩子。

治療和預防

如果你能找出哪些食物是造成問題的成因，那麼治療起來就很容易。只要把有關的食物從飲食中剔除，二到四週後病徵應該就會消失。

最常引起過敏反應的過敏原就是牛奶，將近3%的孩子會對牛奶過敏。這些孩子中有高達八成的人在三歲後，過敏現象就會消失。我們在門診裡通常會在「牛奶中止」一年後再檢驗過敏現象是否還在，並在這段期間給孩子喝豆漿或水解牛奶（亦即分解成最小分子的牛奶）。

如果過敏現象持續超過三年，那麼它大概一輩子都會跟著孩子了。這個說法也適用於其他的食物過敏。

需要時加以預防

如果家族病史裡出現過氣喘、異位性皮膚炎或花粉熱這些疾病，孩子是過敏兒的風險特別高，應採取以下的預防措施：

* 請讓孩子喝至少半年的母乳，同時刪去你自己飲食中的

「危險」食物（堅果、雞蛋、牛奶）。

- 餵副食品時，請遵照第三章的建議，一天只能加入一種新食材，過幾天再加新東西。這樣一來，你就很容易找出孩子能消化和不能消化哪些食物。
- 等到孩子兩歲後，再給他牛奶、雞蛋和穀物。

規則也適用於此！

好好吃飯的規則，同樣適用於食物過敏的孩子，做父母的決定什麼食物上桌，你所供應的食物要配合孩子的特別需求，並由孩子決定他要不要吃和想要吃多少。

碰到消化不良時也可以遵守好好吃飯的規則。

食物「留不住」：腹瀉和嘔吐

腹瀉和嘔吐特別常發生在孩子身上，它們多半是病毒引起的，這類疾病有九成以上並不危急。它們會持續三到七天，然後不管有沒有治療，自動消失。

防止脫水！

只有一件事父母親絕對要注意：絕對不能讓孩子脫水。孩子幾天內不吃東西還不成問題，但是必須注意水分流失問題。

從哪裡可以看出孩子體內水分太少？從他的行為反應最能看出來。如果孩子還會玩（即使比平常玩得少），那麼他還沒有脫水。萬一他反應遲鈍、不正常昏睡，必須立刻帶他去看小兒科，馬上補充含鹽的葡萄糖液（運動飲料也可以）。

含鹽的葡萄糖液在藥局也買得到，將它溶解在水裡，持續給孩子喝。有件事很多人不曉得，喝含鹽的葡萄糖液並不會改善腹瀉和嘔吐，它只能防止脫水。目前有大量研究證明（從我

們每天的門診經驗也得到證實），當孩子沒脫水時，最好供應他正常的食物。

遵守規則

我們的規則也適用於腹瀉時。如果供應一般正常食物的話，孩子會以最快的速度恢復精力，於是孩子可以決定：

- 「我要吃一點桌上的飯菜嗎？」
- 「我想吃這當中的什麼？」
- 「我想吃多少？」

結語

現在你願意相信孩子可以好好吃飯嗎？如果你同意遵守我們的規則，就是送給孩子一個珍貴無比的禮物。你讓他看見，你信任他與生俱來的能力，能完全按照他的需求而吃。你因此加強了他的自信，預防了飲食失調和體重過重的發生，而且避免製造吃飯時的緊張氣氛。

有時不會有立竿見影的成效，而是要好幾個星期後才會感受到。要堅持這麼久並不容易，我們知道再度施壓孩子的誘惑是很大的。需要夥伴嗎？建議你找小兒科醫師談談，你可以從那裡得到支援。

為了讓你能隨時想起規則，我們在附錄中整理了一些「好好吃飯提示卡」。你可以把它們剪下來貼在牆上，當成提醒。祝你在讓孩子「好好吃飯」這項不容易的課題上成功、愉快。

安娜特‧卡斯特尚＆哈特穆‧摩根洛特

重點整理

☑ 不是每個孩子都能吃所有的東西

某些食物在某些孩子身上會引起過敏反應或病痛。必須找出孩子無法消化的食物,而且從飲食裡暫時刪除一段時間。

☑ 腹瀉和嘔吐時的協助

上吐下瀉是小孩經常發生的疾病,多半幾天之後就會自動痊癒。大人只須注意孩子沒有脫水,還是可以供應他一般正常的食物。

☑ 尋求專業醫療幫助

不論是消化不良、食物過敏、便祕、腹瀉或嘔吐,這些可能因食物而引發的問題都值得父母特別注意。當你無法幫孩子解決或孩子出現異常狀況時,請立即帶孩子去小兒科門診。

我的需要
我的肚子會告訴我，
媽媽請相信我！

不管是胖是瘦，
我都愛你！

好好吃飯提示卡

好好吃飯提示卡

沒有一樣你愛吃的
沒關係！

我相信，
你會取你所需。

好好吃飯提示卡

好好吃飯提示卡

讓我們
高高興興吃飯吧！

吃飯，
不是勒索。

好好吃飯提示卡

好好吃飯提示卡

吃多吃少，
孩子決定！

不欺騙、不強迫。

好好吃飯提示卡

好好吃飯提示卡

不要「聽命」煮飯。

吃飯，
與獎懲無關。

好好吃飯提示卡

好好吃飯提示卡

愛不是來自胃。

設定界限，
賦予信任。

好好吃飯提示卡

好好吃飯提示卡

我們好好吃飯：

我決定，何種食物和何時端上桌。

你決定，你是否要吃和吃多少。

保證聲明

我在此承諾讓我的孩子＿＿＿＿＿＿（名字）

自己決定，每餐他想要吃多少。

＿＿＿＿＿＿＿＿＿＿＿＿　　＿＿＿＿＿＿＿＿＿＿＿＿

（地點、日期）　　　　　　　（家長簽名）

好好吃飯提示卡

好好吃飯提示卡

每個孩子都能好好吃飯 / 安妮特.卡司特尚, 哈特
穆.摩根洛特作. -- 第三版. -- 臺北市 : 親子天下股
份有限公司, 2022.05
272 面 ; 14.8×18.5 公分. --（家庭與生活 ; 78）
譯自 : Jedes Kind kann richtig essen
ISBN　978-626-305-231-4（平裝）

1.CST: 育兒 2.CST: 飲食 3.CST: 小兒營養

428.3　　　　　　　　　　　　　　　111006524

家庭與生活 078

每個孩子都能好好吃飯【跨世代長銷經典版】
Jedes Kind kann Richtig lernen

作者／安妮特‧卡司特尚（Annette Kast-Zahn）＆ 哈特穆‧摩根洛特（Hartmut Morgenroth）
譯者／陳素幸
新版責任編輯／蔡川惠
新版協力編輯／陳瑩慈
舊版責任編輯／吳毓珍、呂奕欣、林宣妙、陳念怡、史怡雲、李佩芬
插畫／薛慧瑩
校對／魏秋綢
封面設計／Ancy Pi
內頁設計／連紫吟‧曹任華
行銷企劃／林育菁

天下雜誌群創辦人／殷允芃
董事長兼執行長／何琦瑜
媒體產品事業群
總經理／游玉雪
總監／李佩芬
版權專員／何晨瑋、黃微真

出版者／親子天下股份有限公司
地址／台北市 104 建國北路一段 96 號 4 樓
電話／（02）2509-2800　傳真／（02）2509-2462
網址／www.parenting.com.tw
讀者服務專線／（02）2662-0332　週一～週五：09:00~17:30
讀者服務傳真／（02）2662-6048
客服信箱／ bill@cw.com.tw
法律顧問／台英國際商務法律事務所‧羅明通律師
製版印刷／中原造像股份有限公司
總經銷／大和圖書有限公司　電話：（02）8990-2588

出版日期／ 2022 年 5 月第三版第一次印行
定　價／ 350 元
書　號／ BKEEF078P
ISBN ／ 978-626-305-231-4（平裝）

訂購服務：
親子天下 Shopping ／ shopping.parenting.com.tw
海外‧大量訂購／ parenting@service.cw.com.tw
書香花園／台北市建國北路二段 6 巷 11 號　電話 (02) 2506-1635
劃撥帳號／ 50331356 親子天下股份有限公司

立即購買 >